洛河流域水文特性分析及中长期径流预报研究

王文川　著

中国水利水电出版社
www.waterpub.com.cn
·北京·

内 容 提 要

本书就洛河流域水文要素特性及中长期径流预报开展了相关研究，系统分析了洛河流域的水文要素特性、水文要素序列重构方法、非一致性水文干旱评估方法和基于多元线性回归与人工智能技术的中长期径流预报方法及比较，具有系统性、新颖性和实践性的特点。

本书可作为高校水文与水资源工程、水利水电工程、农业水利工程等专业的高年级本科生和研究生的教学和科研参考书，可供相关专业的科研人员及关心水利行业发展的读者使用，同时也可供水利管理部门的科技工作者和工程技术人员参考。

图书在版编目（CIP）数据

洛河流域水文特性分析及中长期径流预报研究 / 王文川著. -- 北京 : 中国水利水电出版社, 2020.12
ISBN 978-7-5170-9302-2

Ⅰ. ①洛… Ⅱ. ①王… Ⅲ. ①洛河流域－水文预报－中长期预测－研究 Ⅳ. ①P338

中国版本图书馆CIP数据核字(2020)第269281号

书　　名	**洛河流域水文特性分析及中长期径流预报研究** LUO HE LIUYU SHUIWEN TEXING FENXI JI ZHONGCHANGQI JINGLIU YUBAO YANJIU
作　　者	王文川　著
出版发行	中国水利水电出版社 （北京市海淀区玉渊潭南路1号D座　100038） 网址：www. waterpub. com. cn E-mail：sales@waterpub. com. cn 电话：（010）68367658（营销中心）
经　　售	北京科水图书销售中心（零售） 电话：（010）88383994、63202643、68545874 全国各地新华书店和相关出版物销售网点
排　　版	中国水利水电出版社微机排版中心
印　　刷	清淞永业（天津）印刷有限公司
规　　格	170mm×240mm　16开本　9.5印张　165千字
版　　次	2020年12月第1版　2020年12月第1次印刷
定　　价	**52.00**元

前言

随着科技的发展和人类的进步，水资源安全问题备受关注。开展流域水文特性分析及中长期径流预报不仅能够在水库调度、抗旱、供水、发电及灌溉等方面发挥重要作用，而且可以为各部门用水规划决策提供技术支撑，使有限水资源发挥最大的综合效益。因此，本书开展了洛河流域水文特性分析及中长期径流预报研究，以洛河流域长水水文站1960—2016年径流资料、年降水资料和气象资料为基础，通过线性趋势相关检验法、Mann-Kendall趋势检验法、Spearman秩次相关检验法等方法对长水水文站径流量、降水量、平均气温的年际变化进行分析，结果显示径流量和降水量呈明显下降趋势，平均气温呈明显上升趋势；通过Mann-Kendall突变检验法和Pettitt检验法分析，发现长水水文站径流、降水和平均气温在1985年均发生了突变；通过小波分析法进行周期性分析，说明控制洛河流域径流、降水、气温变化的周期存在一定程度的相似。

本书检验了水文序列的一致性，确定了序列变异趋势以及变异发生时间。使用序列重构的方法对水文序列的非一致性进行修正，根据修正后的流量序列选用不同的概率分布线型进行拟合，构建水文干旱指标（标准化流量指数，SFI），对干旱评估结果进行识别分析并确定最为合适的分布线型。最后，提出基于Bootstrap抽样的SFI不确定性分析，定量识别了水文干旱的不确定性影响因素。为消除分布线型对干旱评估的影响，分别以伽马分布、对数正态分布、正态分布拟合流量序列，构建水文干旱评估指数SFI，基于游程理论将三种SFI与历史干旱事件进行对比，结果显示伽马分布和对数正态分布拟合结果吻合度高，对数正态分布计算的SFI在干旱烈度和干旱历时识别中呈现偏小差异。由此可以得出SFI的计算可选用伽马分布拟合流量序列。给定置信水平$a=5\%$，通过置信区间范围，定量地描述了分布参数、样本容量、抽样方法对水文干旱指数的不确定性影响。结果显示：样本容量越大，置信区间宽越小，抽样方法中以百分位数 Bootstrap 抽样方法对参数值的估计精确度最高，由此可减小水文干旱评估的不确定性。

本书结合长水水文站径流资料和洛河流域 3 个气象站的气象资料特点，选取最低气压、降水量、平均气压、平均 2min 风速、平均气温、平均最高气温、日降水量大于等于 0.1mm 日数、最大风速、日照百分率、极大风速、最高气压等 18 个影响因子，利用相关系数法和主成分分析法对影响因子进行筛选，得到 11 个相关性大的预报因子，并以此作为方案一和方案二。在水文要素特性分析基础上分别建立基于方案一和方案二的多元线性回归模型、BP 神经网络模型和 ELM 模型，并进行年径流总量预报。根据预报结果对两种方案和多元线性回归模型、BP 神经网络模型、ELM 模型三种预报模型进行等级评定，整体显示方案一优于方案二，多元线性回归模型、BP 神经网络模型和 ELM 模型的合格率分别为 60%、70% 和 90%，其中，BP 神经网络模型和 ELM 模型预报结果相对更能够适应该流域径流特点。同时，ELM 径流预测模型改善了 BP 神经网络训练时间长和易陷入局部极小值的问题。因此，ELM 模型在训练速度和预测精度方面都优于 BP 神经网络模型。近几年，组合模型逐渐成为研究的热点，通过模型之间的相互组合，可突破单一模型的局限性，提高模型预测结果精度。因此本书选择 1960—2016 年长水水文站的年径流数据，分别通过 R/S 灰色组合模型和基于小波包分解的 LS - SVM - ARIMA 组合模型对长水水文站的年径流进行了预报分析。结果表明，组合模型在很大程度上改进了单一模型的缺点，可以有效地提高预报精度。无论是 R/S 灰色组合模型还是基于小波包分解的 LS - SVM - ARIMA 组合模型，均优于单一的 BP 神经网络模型和 ELM 模型。其中，基于小波包分解的 LS - SVM - ARIMA 组合模型在相对平均误差、合格率、确定性系数等方面都有明显的提高，将年径流预报误差控制在了尽可能小的范围内。最终，对比分析各个模型预测结果发现，基于小波包分解的 LS - SVM - ARIAM 模型表现最优，R/S 灰色组合模型次之，而单一预测模型中 ELM 模型表现最好。研究成果对洛河流域水资源管理具有一定的参考价值。

本书的编写得到了河南省高校科技创新团队（18IRTSTHN009）、河南省科技攻关（202102310259、202102310588）、水资源高效利用与保障工程河南省协同创新中心及华北水利水电大学水利工程特色优势学科建设经费的资助。

在此要特别感谢我的几个研究生——李磊、张洁铭、李文锦、韩东阳、刘献、李庆敏等，他们为本书的程序编写、资料和成果整理进行了很多辛苦的工作。同时，要感谢中国水利水电出版社的同志为本书出版所付出的心血，没有他们的辛勤工作，本书就难于面世。

由于作者水平有限，且部分成果还有待进一步深入研究，书中难免有疏漏甚或错误之处，恳请读者多提宝贵意见！

作者

2020年9月

目录

第1章

绪　论

1.1 研究背景及意义

水是生命之源，生产之要，生态之基[1]。水资源对地球上一切生命体来说都是非常重要的。人类生活在被水包围的地球上，水养活了人类，使人类文明得以延续。水资源既是生活资料，同时也是生产资料，在国计民生中用途广泛，各行各业都离不开水。一个区域的水资源总量指当地降水形成的地表、地下产水量。我国水资源总量很大，位居全球前列。但是我国人口众多，人均河川径流量大大低于世界平均水平，仅为世界平均水平的1/4，是全球人均水资源最贫乏的国家之一。另外，我国水资源因受海陆位置、水汽来源、地形地貌等因素的影响，在地区上分布极其不均匀。南部地区降水多，水资源丰富，北方地区降水少蒸发大，极度缺水。许多河流都有径流年际变化大的现象，洪水和干旱经常威胁人们的生产和生活。因此，分析流域的水文特性并开展中长期径流预报对于水资源管理决策具有有效的参考价值。降雨径流的精确预报有助于指导用水管理工作，能有效避免意外事故造成的生命安全、经济损失[2]。

目前，径流受气象、水文、地理、人类活动等多方面的影响[4]，而且影响机理十分复杂，既存在确定性规律，又存在随机性特点，难以做出准确、可靠的径流预报[5]。因此，探索中长期径流预报新方法、新技术，不断提高预报精度和可靠性，实现中长期径流预报适用性的提升，具有重要的理论意义和应用价值[7]。本书选取洛河流域为研究对象，收集了长水水文站的径流资料，采用适当的方法对洛河流域的年径流变化规律进行分析，在利用相关系数法和主成分分析法筛选预报因子的基础上，对洛河流域的水文要素变化规律进行分析，构建洛河流域径流预报模型。

我国的主要灾害类型旱灾严重影响着人类赖以生存的自然环境。据历史文献记载，自公元 1000 年来，我国发生的重大干旱事件就有 14 起。其中比较有代表性的是 1637—1643 年明崇祯年间持续长达 6 年的大旱，我国南北方 23 个省相继遭受严重灾害。1876—1878 年清光绪年间更是发生了持续 3 年的典型干旱，在旱区中心的山西南部的无效降雨长达 200 余天，陕西的华阴县全年无降雨日更是达到 290 天以上。近年来，暴雨成灾、久旱无雨等异常气候事件频繁地出现在世界各地。2013 年 9 月 27 日，联合国政府间气候变化专门委员会第一工作组发布的第五次评估报告中指出，全球大部分地区都出现了升温、变暖现象。1880—2012 年过去的 130 多年里，全球地表平均气温大约上升了 0.85℃，且每 10 年升温幅度达到 1850 年以来的最大值[8-9]。随着社会经济的发展以及气候在人类活动影响下的不断变化，土地荒漠化、生态系统脆弱、水资源短缺等干旱问题逐渐凸显出来。

全球约 1/3 的陆地面积都不同程度地遭受着干旱威胁，由此造成 60 亿～80 亿美元/年的经济损失。据我国学者对历史上干旱灾害造成的损失数据研究表明，干旱灾害导致的死亡人数占全部自然灾害造成死亡人数的 40%左右[10]。另外，国家气象局对近几年气象资料统计表明，气象灾害在自然灾害中的比重高达 71%。而在气象灾害中，旱灾就占 53%，位居首位。《中国水旱灾害公报》中关于干旱灾害的统计数据表明，2000—2016 年全国作物因旱受灾面积平均约为 1.96 千万 hm^2/年，平均粮食损失约为 279.44 亿 kg，饮水困难人口平均约为 2206.42 万人，造成的直接经济损失占当年 GDP 的比重平均约为 0.24%。由此可见，干旱成为关系到全国人畜饮水安全、作物粮食安全、国民经济发展的问题，全社会需高度重视这一问题，科研人员和学者也应对此做更深一步的研究。

随着我国社会的不断发展和经济的不断增长，人们对水资源的需求量也日渐增长，虽然我国淡水资源总量丰富，但人口基数大，且人均水资源量仅为世界平均水平的 1/4，是全球人均水资源量最匮乏的国家之一。水资源每天都在消耗，主要靠降水补充消耗量。而降水受地形和气候的影响，年内分布很不均匀，且夏季多冬季少，年内变化剧烈，为防洪和抗旱带来很大的困难，有限的水资源难以被充分利用。在人类活动和环境变化的日益影响下，我国的水资源量发生了一定的变化，北方地区的水资源量显著减少，而我国正处于经济超高速发展时期，对水资源的需求量迅速增大。由于水资源用途的多样性和不可替代性，各个用水部门之间会因水资源供给不足出现水资源使用权争夺等各种各样的矛盾。为实现社会和谐、快速发展，就需要对有限的水资源进行最大化合理利用，引黄工程、南水北调工程等重大民生超级工程可暂时缓解部分城市居民用水压力，缓解当地水资源需求压力，克服由干旱带来的水资源问题。

近年来，由于气候变化和人类高强度活动，几十年一遇的高温天气、历史性大范围地区严重干旱、长达数十天未发生降雨等异常现象频繁发生，导致灾害地区或流域内降雨径流形成机制和流域水文循环发生了一系列的改变，长时间和大范围的干旱灾害，使得用于旱灾风险评估的水文序列发生了变异。因此，针对非一致性水文序列进行干旱分析时，应先分析其变异趋势及变异点，对非一致性水文序列进行还原修正后再进行干旱分析[11]。水文序列一致性要求组成该系列的流量资料是在同样的气候条件、同样的下垫面条件和同一观测断面上获得的[12]，属同分布、同总体。但影响水文序列一致性的因素众多，气候（如降雨和气温）的变化、大型水利枢纽工程的建设、水库调节、跨流域引水、河道治理以及流域地形地貌、土壤植被的改变等都会对水文序列产生一定的影响。因此，在非一致性序列的前提下，应用数理统计的方法对现有的水文长序列进行频率分析和设计推求，便失去了传统意义上设计分析的主要目的。其中气候变化较为缓慢，可不考虑其对水文循环的影响，但是人类活动的影响，却极为显著，是影响水文资料一致性的主要因素之一。

1.2　研究进展

目前国内外关于中长期径流预报模型的研究有很多。由于水文要素变化规律错综复杂，径流变化具有一定的不确定性。通常在开展中长期径流预报工作之前要进行径流变化规律的特性分析，包括趋势特性分析、突变特性分析、周期特性分析等[13-14]，然后运用恰当的径流预报模型进行径流模拟预测。因此本书主要从水文要素特性分析和径流预报模型两方面对国内外研究进展进行介绍。

1.2.1 水文要素特性分析研究进展

随着水资源短缺问题的日益加剧，气象水文要素变化规律的研究受到国内外学者的广泛关注[15]。综合国内外研究方法，研究水文要素演变的趋势性、突变性及周期性主要是采用数理统计的方法。国外许多研究人员对此进行了大量研究：Lettenmaier et al.[16]使用 Mann - Kendall 趋势分析法、单变量趋势分析法和多变量趋势分析法分析了美国大陆的月降水量、温度和流量的趋势，发现11月至次年4月期间，几乎一半台站的流量都在大幅增加，其中北部各州的流量最大；Gan et al.[17]使用 Kendall 的测试来确定加拿大大草原的水文气候趋势和可能的气候变暖，发现该地区的气候趋于变暖和干燥，但干旱的严重程度和持续时间没有明显的变化；Buffoni et al.[18]运用 Mann - Kendall 检验研究了 1833—1996 年间意大利 32 个观测站的一系列年降水量和季节降水量，研究结果显示，整个意大利的年度序列呈下降趋势，但只有在中南部才有统计意义；Zhang et al.[19]从加拿大参考水文流域网络数据库中获得了过去30～50年中 11 个水文气候变量，研究其变化趋势；Tabari et al.[20]采用 Mann - Kendall 检验、Sen 斜率估计和线性回归分析了 1966—2005 年伊朗 41 个台站的年降水量和季节降水量趋势。Ehsanzadeh et al.[21]分析了阿西尼博因河和红河两条主要支流的年总流量、降水量、径流量和日最大流量，分析了它们的一系列非平稳特性，所使用的方法包括非参数 Mann - Kendall 检验，用于解释不同的记忆特性（即短期与长期），同时运用了贝叶斯变化点检测模型，以识别具有不一致非平稳行为的时间序列的可能片段；Palizdan et al.[22]利用离散小波变换在马来西亚雪兰莪州加特河流域进行了降水趋势分析，结果显示区域 SC_1 的原始降水序列呈现不显著的正趋势，相反，SC_2 区域（盆地的大部分区域）呈现微小的负趋势；Partal et al.[23]使用非参数方法（即 Mann - Kendall 和 Sen's T 检验）确定土耳其全国 96 个降水站年平均和每月总降水量序列的长期趋势；Mauget[24]运用 Mann - Whitney U 统计检验的方法对 10 年至几十年之间的年平均气温和总降水量的时间序列进行分析计算，发现美国大陆在 1932—1999 年出现了三个这样的时期：20 世纪 30—50 年代的干旱，1964—1979 年的凉爽时期，以及 20 世纪末的湿热时段；Praveen Kumar[25]采用小波分析法对降雨的周期性进行了小波变换，发现降雨量存在多时间多尺度性和标度的自相似性。

国内学者也对水文要素变化研究做了大量工作：徐宗学等[26]利用北京地区20个气象站点的数据，运用非参数检验方法Mann-Kendall法分析了北京地区降水量的时空分布特征；束美珍等[27]利用线性回归法、累积距平法分析了海河流域年际降水特征，认为海河流域降水量呈微弱下降趋势，且在空间上由南向北逐渐递减；张东艳等[28]利用Mann-Kendall检验方法对尼洋河流域气象水文数据进行分析，结果显示近30年尼洋河流域降水量年际变化不大，但年内分配极不均匀，在汛期，降水量大且集中，非汛期降水不太稳定，且冬季降水整体表现出减少趋势，气温呈上升趋势；张平等[29]利用1956—2010年淮河蚌埠以上流域内112个雨量站的逐日降水资料，采用Mann-Kendall趋势分析法和小波分析法分析了蚌埠以上流域三级水资源分区近50年降水的时空分布特征，结果表明淮河蚌埠以上流域多年平均降水空间分布不均匀；Fan et al.[30]利用山西省61个气象站在1959—2008年的气温和降水时间序列数据，对山西省气候变化进行了分析，采用Mann-Kendall检验和Mann-Whitney检验分别检验了年平均气温和总降水量序列的单调趋势和阶跃（突变）趋势；丁勇等[31]运用ArcGIS软件与Mann-Kendall检验法，以内蒙古为研究区域，分析了1969—2008年间区域温度和降水量的年值和季节值变化趋势及时空格局；毕远杰[32]利用非参数Mann-Kendall突变检验方法，系统地对汾河水库径流序列的趋势及突变性进行了检验，结果表明1960—2016年，汾河水库年径流量呈下降的趋势，径流量发生突变的年份分别为1964年、1967年和1970年；许晓艳[33]通过线性趋势法、滑动平均法、滑动t检验等方法，对辽河流域的降雨、径流、泥沙和洪水等进行了分析研究，分析出辽河的降雨、径流、泥沙、洪水整体呈下降趋势，且径流突变点为1975年；王文圣等[34]运用Marr小波和Morlet小波变换对长江宜昌站近100年平均流量的演变特性进行了分析；王麒翔等[35]根据黄土高原地区214个地面气象站最近50年（1961—2010年）的逐日降水量数据，采用非参数Mann-Kendall法和Mann-Whitney法，从黄土高原地区、典型黄土高原和综合治理分区3个层面，对本地区年降水量（PTOT）、侵蚀性降水量（R12mm）、汛期降水量（RJJAS）和暴雨量（R50mm）的时空变化特点进行了研究；张应华等[36]针对当今普遍采用的参数统计、非参数秩检验和小波分析方法及其本质原理，在分类阐述的基础上，系统归纳总结了各个方法在应用过程中存在的问题及解决方案，并以黑河流域托勒气象站年平均气温为实例，对比分析各方法计算结果的差异性，凝练出水文气象序列趋势分析与变异诊断的理论与方法系统体系。

1.2.2　中长期径流预报研究进展

随着科学的发展和水文预报研究人员的增加，径流预报方法也在不断更新。径流预报按照时间分为两大类，即传统中长期的径流预报与现代中长期的径流预报[37-38]。传统中长期径流预报方法包括水文统计法和成因分析法；现代中长期水文预报方法是随着数学理论和计算机技术的发展而兴起的径流预报方法[39]，例如灰色系统分析法、人工神经网络模型、模糊分析、支持向量机、小波分析、马尔科夫模型等。这些模型和技术的发展为中长期径流预报研究提供了新的思路，但每种模型和技术都有其各自的优缺点。为了满足社会对径流预报精度的要求，应结合现代预测技术发展，探索更有效的预测模型和方法。

1.2.2.1　传统中长期径流预报方法

传统中长期径流预报方法中，应用较为广泛的主要有水文统计法和成因分析法，具体介绍如下。

1. 水文统计法

水文统计法是用概率论和数理统计学的原理和方法，通过大量历史水文资料探索预报对象和预报因子之间的统计关系或水文要素自身历史变化的统计规律，建立预报模型进行预报[40]，可分为多元回归分析法和时间序列分析法。王琪等[41]利用主成分分析和 Logistic 方程多元回归分析方法，建立了大伙房水库径流中长期预报模型，研究结果表明模型预报效果较好，可用来进行初步预测；曹永强等[42]利用主成分分析法提取影响径流变化的综合因子，然后对综合因子进行 Logistic 方程拟合，最后利用多元回归方法建立水库中长期径流预报模型，结果显示模拟精度较高。靳晟等[43]分别建立了时间序列模型和多元回归模型，并进行了预报拟合及精度检验，结果显示玛纳斯河时间序列模型虽预报精度较低，但有较好的适应性；而多元回归模型精度较高，可为新疆水库的兴利调度提供参考。姜涛[44]采用时间序列分析方法对察尔森水库的中长期径流进行预测，为开展中长期径流预测研究提供了借鉴。Mishra[45]将回归分析以模型的形式应用于水文实时序列中，为流域水文径流的数据分析预测提供了新的途径。

2. 成因分析法

成因分析法主要根据大气环流特征、高空气象要素与后期的水文要素建立起的定量关系进行预报。张利平等[46-47]基于气象因子与径流序列在物理成因上的关联性，分析了二者的关联性在空间上的变异。张丽霞等[48]利用成因分析的方法，寻找预报对象与预报因子之间的物理联系，通过采用单相关系数的计算、比较，确定优化预报因子，建立了多元回归预报方程。

1.2.2.2 现代中长期径流预报方法

现代中长期径流预报方法主要是针对水文要素非线性的特点，结合数学理论方法和计算机技术而提出的新方法。这些方法的出现不仅丰富了传统方法，还为新方法的发展提供了基础。例如：张岩等[49]以丹江口水库为研究区，建立 PCA - PSO - SVR 预报模型进行径流预报，结果表明模型验证期间合格率为 83.33%，对丹江口水库年径流预报有一定的参考意义；李志新等[50]针对线性方法的年径流预报模型预报精度不高的问题，利用乌江洪家渡 1963—2016 年径流系列资料，以 5—10 月月平均流量作为预报影响因子，构建以年径流量为预报对象的 BP 神经网络模型，模拟结果表明，模型预报效果良好，对于年径流预报具有实用价值；纪昌明等[51]建立了一种基于小波分析的稳健估计水文时间序列模型，并将所建模型用于月径流预报，分析表明该模型在满足一定预报精度的同时，可以保证方法的可靠性与结果的稳定性，具有广阔的应用前景；巴超等[52]针对水电站径流预报的问题，通过采用不同原理的预报模型预测月径流量，组合建立 SVM 模型，应用实例表明，该模型对水电站月径流量预报具有较强的适用性，其研究可为复杂水电站的径流预报提供有益借鉴；蓝永超等[53]基于灰色系统的建模理论，建立了 GM（1，1）残差序列周期修正径流预测模型，并应用于春季干旱缺水期 3—6 月河流来水量的长期预报，经实际应用验证，准确率在 80%以上；Pradeep Kumar Mishra et al.[54]、Mónica Miguélez et al.[55]分别利用人工神经网络模型建立了降水-径流关系，结果显示该模型具有一定的可靠性；Okkan et al.[56]为了检验RVM在长期流量预测中的适用性和能力，将其性能与前馈神经网络、SVM和多元线性回归模型进行比较，结果表明RVM方法令模型性能得到了提升。

1.2.3 干旱的定义

干旱，被定义为淡水总量少，不足以满足人类的生存和经济发展的气候现象，一般是长期的现象。由于研究的方法不同，从其他的角度出发，干旱又被赋予新的定义。世界气象组织（WMO）认为干旱是一种长期大范围的降水短缺现象[57]；联合国粮食农业组织（FAO）认为干旱是一种由于土壤水分缺失导致粮食作物减产缺收的现象[58]；气候和天气百科全书里定义干旱为在多年或一年的时间内，某一区域的降水量偏少于该区域多年平均值的现象[59]；Gumbel认为干旱可以看作流域内径流量较历史时期呈现异常偏小状态[60]；美国气象学家Palmer于1965年提出的帕尔默干旱指数（PSDI）是一个基于水量供求关系的干旱指数，可定量描述干旱程度[61]。虽然干旱的定义在不同的学科差别迥异，但根据不同类型，普遍地从社会经济、水文、农业和气象4个方面将干旱进行分类[62]：①社会经济干旱，是指在自然和人类社会系统中，需水量大于供水量，地表水和地下水供应不足，导致生产、消费活动受限，影响社会经济活动[63]；②水文干旱，是指由于区域内降雨减少，地下水补给不足，出现水分短缺，致使出现江河湖泊流量水位降低、水库蓄水量减少等现象，难以满足用水要求，水文干旱的分析通常借助于河川径流资料[64-69]；③农业干旱，是指作物在生长期内，因为土壤水分偏小，不足以达到作物生长所需的水分，致使作物减产的现象。作物需水量主要受气象因素的影响，此外也受作物生长阶段以及人为措施对土壤因素改变的影响。通常以土壤含水量、降水等因素分析评价农业干旱[61-70]；④气象干旱，是指在某一时段区域内降水量和蒸发量差异较大，水分收入和水分支出不平衡造成水分亏损的现象，气象干旱等级的划分通常以降水量为评价指标[71-74]。气象干旱是其他3种干旱类型的基础。当气象干旱发生一段时间后，土壤水分不能得到及时补充，就有可能发生农业干旱。当干旱持续时间比较长，江河径流湖泊水库的水量不能得到及时补充时，就会出现水文干旱。当水资源短缺影响人类社会正常生活和经济发展时，就会发生社会经济干旱。

在国内，自20世纪80年代起，就有学者在水文干旱方面取得了较好的研究成果。与此同时，一些重大的水文科学研究课题也围绕着这些新问题、新思维和新方法展开。王维第[75]认为干旱具有多发性、地区性、持续性、季节性等特点，并对20世纪70—90年代水文干旱的研究现状进行了系统性的分析；张景书[76]认为干旱是在一定时期内无降水或者降水量偏少，引起土壤水分缺失，从而不能满足作物生长所需水分的气候现象。孙荣强[77]分别从气象、水文、农业、经济4个方面论述了干旱类型之间的相互关系，并对其对应的干旱指标进行了探讨；张世法等[78]认为干旱是由于水资源不能满足正常生活的一种不平衡现象。不同的干旱类型虽然在定义上有所差别，但其所表达的内在含义其实是相同的，主要包括持续时间长度、区域范围和水分亏缺。综上所述，可以将干旱定义为在一段时间内，由于地形地貌、土壤地质和植被类型等因素，在整个水文循环过程中水资源供给不足，从而影响当地正常社会发展的一种自然现象。

1.2.4 干旱指标

干旱指标是用于识别干旱程度的度量参数，描述干旱的起止时间、成因、程度等因素[79]。干旱指标的构建往往是基于当地正常状态而言的，也就是说，在不同地区，同一干旱指标值所描述的干旱程度应该是一样的[80]。

早在100多年前，干旱指数就被应用，国内外众多学者和专家在做了大量研究工作之后，相应地提出了大量的干旱指标。基于降水资料，Roey[81]提出基于不同时间尺度的标准化降水指数（standardized precipitation index，SPI），假设资料系列（一般超过30年）服从T分布，经正态标准化之后得出；基于江河径流数据，Shukla et al.[82]在SPI指数的理论基础上建立了标准化径流指数（standarized runoff index，SRI）来分析评价水文干旱特征；基于遥感观测到的下垫面信息，Liu和Kogan[83]提出用于监测干旱的植被状态指标（vegetation condition index，VCI）；Palmer[61]基于干旱形成物理机制，充分考虑了水资源供求平衡，建立简单水文模型，提出“气候适宜降水量”（climatically appropriate for existing condition，CAFFC）的降水概念，通过比较区域内水分异常状况，得到能够反映干旱程度的帕尔默干旱指数（Palmer drought severity index，PDSI）。帕尔默干旱指数的提出是具有里程碑意义的。

由于当时水文模型参数的率定是根据美国的水文气象数据建立的，基于改进的PSDI，修正帕尔默干旱指数（PMDI）、帕尔默水分异常指数及Z指数（ZIND）[84]和帕尔默水文干旱指数（PHDI）[85]等相继被提出。直到现在，帕尔默干旱指数评价体系依然被广泛应用于各个领域干旱评估[86-90]。

1.2.5　水文序列变异性检验研究

水文循环中的天然径流资料不仅与人类活动有关，而且对气候条件变化的响应也极为敏感，从而导致不同时期的水文序列资料可能发生了不同程度的改变。而现行的水文分析计算的前提是水文序列满足一致性假设。为此，需要对水文序列是否发生变异、发生何种变异以及变异趋势进行检验。

就非一致水文序列方面来说，变异诊断类型主要有趋势性和跳跃性两种。目前，趋势性变异所采用的主要检验方法有滑动平均法、Mann-Kendell秩次相关检验法以及Spearman秩次相关检验法等；跳跃性变异的主要检验方法有R/S检验法、有序聚类法、滑动F检验法、Mann-Kendall检验法、Pettitt检验法和贝叶斯检验法等。在趋势性变异诊断方面，谢平等[91]以无定河流域为例，采用线性趋势相关系数检验法识别与检验年径流序列的趋势性成分，结果表明地表水资源量存在显著减小变异趋势。栾承梅等[92]利用江苏省里下河地区14个代表性控制站的降雨资料，采用Mann-Kendall等检验方法进行趋势性分析，结果表明该地区降雨序列存在微弱的减少趋势。胡义明等[93]使用Mann-Kendall检验法和线性趋势法对某站点的多年实测径流资料进行分析研究。在跳跃性变异诊断方面，王孝礼等[94]首次将R/S分析方法应用于华北某流域水文时序变异点识别中，分析来水量变化的趋势以及变异诊断。Ma et al.[95]利用Pettitt方法对石羊河流域的年平均径流量进行了调查变异分析，研究结果表明，8个研究区域中有4个研究区域的年平均径流量都存在显著性跳跃变异趋势。熊立华等[96]建立了用于时间序列变异点分析的贝叶斯数学模型，以长江流域宜昌站的年径流系列为分析对象，研究水文序列均值突变的问题。变异检验方法有很多，但是不同的检验方法得到的结果却往往并不相同。针对这一问题，谢平等[97]提出了考虑趋势变异和跳跃变异两种形式的水文变异综合诊断系统，整个系统由初步诊断、详细诊断和综合诊断3个部分组成。以Hurst指数法首先对序列进行初步检验，判断发生变异的可能性，然后再利用多种变异诊断方法进行详细诊断；采用效率系数评价原水文序列趋势性变异和跳跃性变异程度，以效率较大者作为变异诊断检验结果，并结合实际调查结果确定水文序列最终变异类型。常用的变异诊断方法，仅能识别变异点的位置，无法判断水文序列统计参数是否发生变异。针对这一不足之处，胡义明[98]提出了耦合 Bootstrap 抽样和 Kolmogorov - Smirnov 变异检验方法，用以识别在跳跃性变异序列中统计参数的变异程度。

1.3 主要研究内容

水文特性分析就是根据现有水文气象数据的长时段时间序列的其变化特性，分析序列的趋势性、突变性及周期性。径流预测就是根据已有径流资料以及影响径流量的气象因素资料来分析预测未来某一段时间内的径流量。为进一步提高中长期径流预报精度，本书针对径流时间序列非线性和随机性的特点，以洛河流域长水水文站 1960—2016 年径流数据，建立了多元线性回归模型、BP 神经网络模型和极限学习机模型，对径流数据进行预测。同时只选取洛宁县长水乡水文站 1960—2016 年径流数据，利用 R/S 灰色组合模型以及基于小波包分解的 LS - SVM - ARIMA 组合模型对年径流进行预测。本书主要内容如下。

1. 收集资料

本书收集了长水水文站径流资料及洛河流域的 3 个气象站（三门峡站、孟津站、西峡站）的最低气压、降水量、平均气压、平均 2min 风速、平均气温、平均最高气温、日降水量大于等于 0.1mm 日数、最大风速、日照百分率、极大风速、最高气压等 18 项影响因子的气象资料，并利用反距离加权法求得离散分布的 3 个气象站对长水水文站的影响程度，从而推算出长水水文站的气象数据资料。

2. 预报因子优选

利用推算的气象数据资料和长水水文站径流资料，运用 SPSS 软件分别进行相关系数分析和主成分分析。经相关系数法分析得到 18 个影响因子与径流

的相关系数，选取$|r| \geqslant 0.4$的影响因子作为预报因子，称为方案一。经主成分分析法分析得到成分特征值与成分贡献率，取特征值大于1，累积贡献率大于80%，作为主要成分，由此得到方案二预报因子。

3. 水文要素变化研究

以洛河流域长水水文站1960—2016年径流资料、年降水资料以及年气温资料为基础，通过线性趋势相关检验、Mann - Kendall趋势检验法、Spearman秩次相关检验法以及Hurst指数法对长水水文站径流量、降水量、平均气温的年际变化进行趋势性分析，通过Mann - Kendall突变检验法和Pettitt检验法进行突变性分析；通过小波分析法进行周期性检验。

4. 水文序列重构

针对长水水文站径流量序列的趋势检验和变异检验结果，使用分解合成的方法分别按照趋势性成分和变异性成分对实测流量序列进行分解，并对分解后的流量序列进行还原和还现，得到修正后的满足一致性要求的流量序列。

5. 非一致水文干旱计算

基于重构的流量序列，构建评价水文干旱的标准化流量指数SFI，以游程理论识别水文干旱事件，选取最适合水文干旱评价的概率分布线型。

6. 径流预报模型研究

(1) 单一水文模型预测。将洛宁县1960—2016年水文气象数据分为3段：1960—1999年为训练集，2000—2009年为测试集，2010—2016年为验证集。将方案一与方案二优选的预报因子分别输入多元线性回归模型、BP神经网络模型及ELM模型，进行三段式预测，针对预测结果分析两种方案、3个模型在洛河流域的适用性。

(2) 组合水文模型预测。为提高预报精度，减小预报误差，本书采用长水水文站1960—2010年年径流数据，对R/S灰色组合模型和基于小波包分解的LS - SVM - ARIMA模型进行训练和构建，利用2011—2016年年径流数据进行模型验证，得出了适合该流域水文站年径流预报组合模型。

选择多元线性回归模型、ELM模型以及基于小波包分解的LS - SVM -

ARIMA 模型进行预测指标对比分析。单一模型操作简单，原理易懂，但不能有效地反映径流序列中的线性和非线性关系；组合模型可以将线性和非线性关系很好地组合，但是对影响年径流的其他因素考虑不全面。

第2章

研究区域概况

2.1 自然地理

2.1.1 地理位置

洛河，古称雒水，南洛河是洛河在水文上的名称。洛河是黄河十大支流之一（黄河一级支流），是黄河右岸重要支流，位于东经 109°45′～113°06′，北纬 33°33′～35°5′。洛河发源于陕西蓝田县东北与渭南、华县交界的箭峪岭侧木岔沟，流经陕西省东南部及河南省西北部，在河南巩义市河洛镇注入黄河。洛河全长约 447km，其中在陕西省境内河流长度约为 129.8km，流域面积约 3145.7km^2；河南省境内河流长度约为 317.2km，境内流域面积为 15771 km^2。洛河流域总面积 18884km^2，是黄河小浪底至花园口区间所有支流中最大的一条，是黄河主要径流来源之一。洛河流域地势北靠秦岭、华山，南顺蟒岭、伏牛山，总形态呈现西北高、东南低的空间布局。河流流向与黄河干流大致平行。由于洛河流域总体地形属于我国地势二阶梯和三阶梯交界处，位于山地平原和黄土边缘地带的交界处，这同时也是我国一个关键的生态环境过渡带。流域土石山区占流域总面积的 45.3%，主要分布在洛河流域上中游地区，可见良好的植被发育，总体表现为森林覆盖，水源优质；黄土丘陵区占流域面积 51.3%[99]。流域简图如图 2.1 所示。

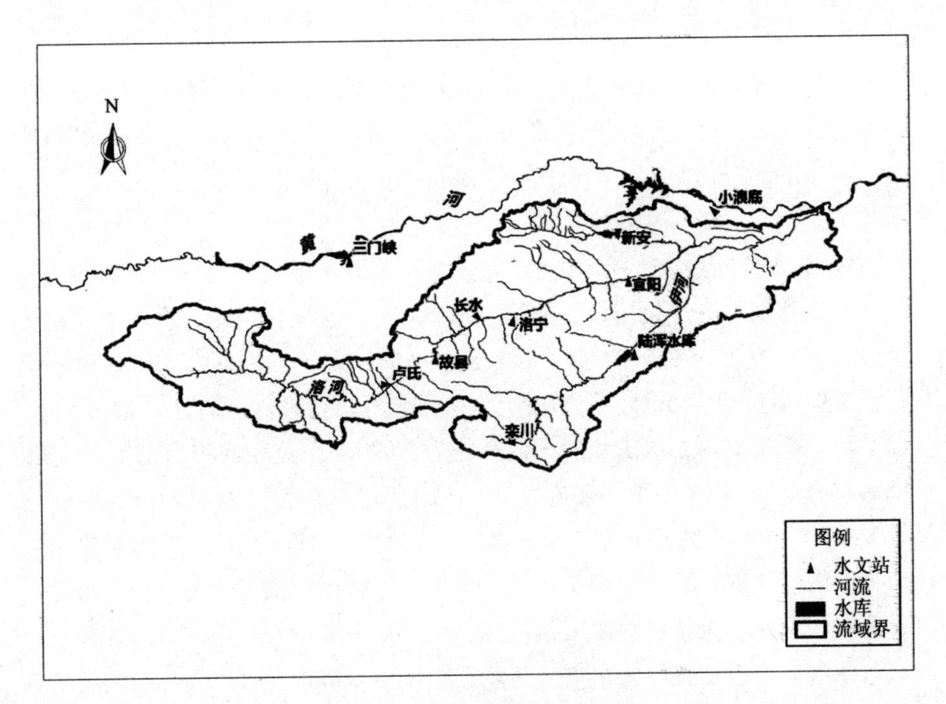

图 2.1 洛河流域示意图

2.1.2 河流水系

伊河是洛河在河南省境内的最大分支水系，起源于栾川县境内，依次流经嵩县、伊川县等，最终于偃师市境内注入洛河，与洛河水系共同交汇而形成伊洛河。伊河干流全长 264.88km，流域面积 5974km^2。

陕西省境内有 24 个支流水系共同汇入洛河，其中文峪河、石门河、石坡河、县河、东沙河、中沙河、西沙河等 7 条支流的流域面积在 100km^2 以上。河流流域形态表现为不对称叶脉状，流域右侧支流特征较短，多为季节性河流，而左侧支流相对较长，多为常年水流流动河流。

文峪河，发源于陕西省华县金堆镇老爷岭的上岔和西川的干沟，曲折向南依次流经高家街、金堆城、白花岭、邓家湾、车家台，至罗涧进入洛南县境，汇入洛河。河流全长约 33km，流域面积达 119km^2，平均比降为 25.1‰，河流落差 566m，水势比较猛，多年平均径流量为 0.354 亿 m^3，山高川平，落差较大。

石门河，发源于黄龙山道沟，河流流经石门镇和陈塬镇，在石门峪口转弯注入麻坪河，一直到尖角汇入洛河。河流全长约为 44km，流域面积约为 354km²，比降为 16.1‰，多年平均径流量约为 1.05 亿 m³。上游山高河狭，中游川宽地阔，下游谷窄，水势湍急。

石坡河，处于洛河左岸，发源于洛南县驾鹿乡秦岭主脊火龙关，自西北向南依次流经驾鹿乡、巡检镇、石坡镇、柏峪寺乡，于洛南县柏峪寺乡王家村注入洛河，流程约为 56.1km，流域面积约为 663km²，比降为 20.5‰，多年平均径流量约为 1.85 亿 m³，常流量约为 3.26m³/s，枯水流量约为 1.35m³/s。

县河，属于洛河二级支流。干流全长为 31.4km，流域面积为 154km²，上下游落差为 307m。多年平均径流量为 0.04 亿 m³，常流量为 0.71m³/s，枯水流量为 0.58 m³/s。古代又称“武里水”“清池川”“里清川”。发源于洛南县马河乡境内的埝浪，流经黄柏川，汇入小渠水，转由西南至东北方向，流经马河、谢湾等，在城关镇境内注入洛河。

东沙河，地理位置位于洛南县县境东南。向东流依次经过寺坡、三要折向东北，于土家嘴注入洛河。河流全长约为 41.3km，流域面积约为 356km²，河流落差为 358.8m。多年平均径流量为 0.34 亿 m³，常流量为 0.60m³/s，枯水流量为 0.38m³/s，其特点是流沙淤积，泥沙混流，滑坡现象严重。

中沙河，发源于蟒岭北侧老君峪流岭槽，向北依次流经沙坪纳小秦峪河、高河、蒋河等，最终在沙河口入洛河。河流干流全长为 35.6km，流域面积为 158.2km²，河流落差为 348m。多年平均径流量为 0.38 亿 m³，常流量为 0.681m³/s，枯水流量为 0.25m³/s。季节性河流多以及久旱即涸。

西沙河，发源于油泉分水岭，依次流经景村、下堹双桥、山西纳鳌峪河，最终在薛楼处注入洛河，河流干流全长为 35.6km，流域面积达 123.6km²，河流落差为 324m，多年平均径流量为 0.32 亿 m³，常流量为 0.56m³/s，枯水流量为 0.26m³/s。因上游花岗岩和红色沙砾层遭到严重的风化剥蚀，故下游河道表现为细沙淤积。

2.1.3　水文气象

洛河流域属暖温带季风气候，由于地形因素的影响，流域内气温和降水量不均，年均气温变化为12～14℃，年降水量分布在550～950mm之间，多年平均降水量为579.6mm，多年平均蒸发量为810mm。次生的森林草地为常见的现代植被，乔木有油松、侧柏、栓皮栎和刺槐等，灌丛主要有酸枣和牡荆等，草本植物主要为蒿属、菊科、藜科等。

2.2 社会经济

洛河流域水系所流经的主要县市共包括14个县级单位，从上游到下游依次流经陕西的洛南县、河南境内的卢氏县、栾川县、洛宁县、嵩县、宜阳县、伊川县、渑池县、义马市、新安县、孟津县、洛阳市区、偃师市和巩义市，横跨陕豫两省，共涉及人口803.07万人，土地面积为23179km^2。

在洛河流域，洛阳市和农村工业实力比较强大的偃师市、巩义市以及煤炭城市义马市是经济比较发达的重工业城市，同时也有经济发展相对比较落后的山区，特别是农村，如洛宁县、洛南县等都是贫困人口数较多的区域，也是精准扶贫的重点区域。

洛河流域带动了周边城市的经济发展，不同流域地带发展水平不同，其中洛阳市区、义马市以及流域下游的巩义市和偃师市，相比其他县市发展较好。流域中上游的洛南县、卢氏县、洛宁县、嵩县、栾川县、孟津县和宜阳县发展相对滞后。而支流涧河流域的渑池县、新安县和伊河下游的伊川县经济发展良好，主要是因为在流域的中上游，占有生物资源种属繁多的先天优势，适合发展林果业和医药业。除此之外，该流域下游县区拥有储量丰富的金属和非金属矿产资源，其中新安县耐火黏土储量为2.5亿t，煤炭储量为10.2亿t，黄铁矿储量为2.15亿t，铝矾土储量为1.5亿t；义马市煤炭储量为67.5亿t；巩义市和偃师市可见矿产资源丰富，拥有煤、铝矾土、耐火黏土、石灰石等多种储量丰富的天然矿产资源。同时下游流域交通发达，工业基础良好，位置优越，有利于矿产资源的开发，有巨大的开发潜力。最近几年，新安县牢牢地依托本地矿产资源先天优势，先后进行了电解铝、电厂、煤矿等重点项目的建设，极大地带动了当地产业的飞速发展，也极大促进了流域附近贫困县市区创新经济，加快了脱贫攻坚进程。

洛河流域水利开发历史悠久。特别是在河南省境内，根据《水经注·谷水注》的记载，西周时，洛阳附近已修有汤渠。唐代曾引伊水、洛水灌溉地势较高的农田，具有形成古代经济文化中心的重要地理条件。以后历代都有增建。特别是新中国成立后，形成了伊河陆浑灌区、伊东灌区、洛宁县引洛灌区、宜阳引洛灌区等分布广泛的完善的灌溉体系，对当地经济社会发展作用很大。洛河在中华文明的发展中占有重要地位，与黄河交汇的地区被称为“河洛地区”，是华夏文明的发祥地，河洛文化被称为中华民族的根文化。

2.3 水文站概况

长水水文站设立于 1951 年 3 月 17 日，位于河南省洛宁县长水镇刘坡村，地理位置为东经 111°26′、北纬 34°19′。长水水文站属于一等水文站，也是国家基本水文站。水文站观测资料的收集从 1951 年延续至今，观测内容包括水位、流量、含沙量、降水量等。自 1991 年起，长水水文站作为故县水库的出口站，至故县水库区间的流域面积为 877km^2，长期担负着向防汛指挥部门提供实时水情和收集洛河水文资料的重要任务。

2.4 数据来源

本书以长水水文站及洛宁县附近的 3 个气象站（三门峡站、孟津站、西峡站）为研究对象，研究径流量与最低气压（hPa）、降水量（mm）、平均气压（hPa）、平均 2min 风速（m/s）、平均气温（℃）、平均最高气温（℃）、日降水量大于等于 0.1mm 日数、最大风速（m/s）、日照百分率（%）、极大风速（m/s）、最高气压（hPa）等 18 个影响因子间的相关关系。气象站的气象数据源于中国气象数据网，利用反距离加权法求得离散分布的 3 个气象站对长水水文站的影响程度，从而推算出长水水文站的气象数据。

反距离加权（inverse distance weighted）插值[100-102]是一种应用非常广泛的空间插值方法。该方法的基本思想是距离插值点较近的样本点比距离较远的样本点在特征上相似性更大。也就是说，距离插值点越近的样本点对插值点影响越大，距离越远影响越小。在估算长水站气象数据时，本书选取距离长水站最近的对其有影响的 3 个气象站点，那么这 3 个气象站点对长水站的影响与它们之间的距离成反比。

反距离加权插值法公式如下：

$$\hat{Z}(S_0) = \sum_{i=1}^{N} \lambda_i Z(S_i) \tag{2.1}$$

式中：$\hat{Z}(S_0)$为 S_0 处带插值点的值；N 为已知气象站点数目；λ_i 为第 i 个气象站点位置上的权重；$Z(S_i)$为 S_i 气象站点的实测值。

权重的确定公式为

$$\lambda_i = \frac{d_i^{-p}}{\sum_{i=1}^{N} d_i^{-p}} \tag{2.2}$$

$$\sum_{i=1}^{N} \lambda_i = 1 \tag{2.3}$$

式中：p 为指数，是任意正实数，通常为 2；d_i 为第 i 个样本点（气象站）距离待插值点的距离。

利用反距离加权插值法求得三门峡站、孟津站、西峡站的权重分别为 0.51、0.26、0.23。经推算得到的洛河流域的部分气象数据见表 2.1。

表 2.1　　洛河流域 1960—2016 年气象数据

年份	极大风速/(m/s)	最低气压/hPa	最高气压/hPa	降水量/mm	平均气压/hPa	平均2min风速/(m/s)	平均气温/℃	平均最高气温/℃	日降水量≥0.1mm日数/d	月日照百分率/%	最大风速/(m/s)
1960	20.63	949.19	999.48	502.80	976.70	2.90	14.31	20.41	89.17	47.30	14.56
1961	19.82	950.87	999.66	723.40	976.48	2.90	14.93	20.35	96.68	50.16	18.45
1962	20.01	948.74	997.54	544.90	976.78	3.03	14.30	20.22	96.47	54.34	16.02
1963	18.78	949.48	1000.14	617.30	976.78	3.00	13.87	19.69	104.88	51.86	14.04
1964	18.19	948.62	1002.24	954.90	977.12	2.95	13.35	18.12	141.28	44.73	17.11
1965	18.51	949.43	998.01	608.60	976.40	2.74	14.45	20.63	84.27	55.64	15.04
1966	19.02	949.23	998.04	427.50	975.88	2.74	14.70	20.74	87.37	54.07	15.04
1967	19.66	951.22	1001.48	668.70	977.23	2.64	13.83	19.27	98.57	52.35	15.29
1968	19.34	949.28	997.73	544.40	976.74	2.90	14.38	19.95	88.35	52.41	14.14
1969	19.73	949.70	999.92	566.10	976.37	2.99	13.73	19.33	89.79	52.63	14.00

续表

年份	极大风速/(m/s)	最低气压/hPa	最高气压/hPa	降水量/mm	平均气压/hPa	平均2min风速/(m/s)	平均气温/℃	平均最高气温/℃	日降水量≥0.1mm日数/d	月日照百分率/%	最大风速/(m/s)
1970	17.01	948.99	1001.38	500.90	976.79	2.64	13.90	19.53	97.09	50.38	14.14
…	…	…	…	…	…	…	…	…	…	…	…
2000	19.43	957.40	1004.21	416.90	975.77	2.59	14.53	19.84	98.45	46.30	12.63
2001	19.86	957.55	1001.11	312.80	976.20	2.52	14.71	20.32	88.12	46.06	12.07
2002	17.68	955.25	1000.42	482.00	975.52	2.22	15.13	20.85	83.05	48.56	10.28
2003	18.09	957.21	999.51	861.00	975.76	2.33	13.95	19.02	106.22	43.36	10.53
2004	21.13	955.26	1000.39	378.90	975.86	2.33	14.85	20.58	91.78	51.37	12.28
2005	20.24	954.56	1002.09	638.20	975.25	2.06	14.36	19.86	82.85	45.55	11.30
2006	23.17	954.90	1000.13	498.70	974.85	2.03	15.28	20.75	80.58	44.55	13.31
2007	21.13	954.06	997.45	508.10	975.00	2.03	15.30	20.69	85.55	43.82	11.59
2008	20.84	956.27	1003.67	447.40	975.43	1.93	14.63	20.37	87.62	45.30	11.57
2009	18.05	951.83	1003.88	580.50	974.77	1.98	14.55	20.05	91.98	40.52	10.10
2010	21.19	956.55	1000.77	688.60	974.82	1.93	14.50	20.10	88.02	38.53	10.91
2011	18.99	953.18	999.63	711.40	975.88	1.88	14.22	19.57	92.75	41.01	9.82
2012	19.49	954.64	998.91	532.50	974.65	1.88	14.32	19.69	79.16	42.11	10.47
2013	18.64	953.66	1001.16	655.10	974.40	1.86	15.45	21.59	67.60	46.51	10.47
2014	15.11	957.97	997.97	650.90	975.48	1.83	15.10	20.65	94.98	45.02	9.16
2015	21.20	957.50	996.72	597.90	975.60	1.95	14.80	20.22	94.76	43.77	10.04
2016	18.86	955.58	1006.80	428.40	975.31	2.02	15.36	20.81	86.01	43.53	9.80

2.5　本章小结

本章针对研究区域的主要情况进行了介绍，首先，从自然地理、气象水文、社会经济等方面对洛河流域进行了介绍；通过中国气象信息网下载了本书需要的气象数据，并针对研究区域进行了反距离加权插值处理，为后续工作的顺利开展奠定了坚实的基础。

第3章

水文要素特性分析

3.1 趋势分析

3.1.1 线性趋势相关检验法

线性趋势检验又称线性回归检验，采用线性相关方程的方式描述水文序列样本中时间序列存在的线性趋势[103]。其计算步骤为：

假设水文时间样本序列为 x_1，x_2，x_3，x_4，…，x_n，以时间为横坐标，以与其对应的样本序列作为纵坐标点绘时间序列。若样本序列大致分布与 X 轴不平行且存在一条直线穿过点群中心，则说明水文时间样本序列存在线性趋势，线性方程可以近似描述为[104]

$$x_t = a + bt + \eta_t, (t=1,2,\cdots,n) \tag{3.1}$$

参数 a 和 b 分别使用最小二乘法原理进行估计，即

$$\hat{b} = \frac{\sum_{t=1}^{n}(t-\bar{t})(x_t-\bar{x})}{\sum_{t=1}^{n}(t-\bar{t})^2} \tag{3.2}$$

$$\hat{a} = \bar{x} - \hat{b}\bar{t} \tag{3.3}$$

式中：x_t为水文时间样本序列；n 为样本长度；t 为时间；$\bar{x}$为样本序列均值。

水文时间样本序列 x_t时间 t 的相关系数 r 可表示为

$$r=\frac{\sum_{i=1}^{n}(x_i-\bar{x})(t-\bar{t})}{\sqrt{\sum_{i=1}^{n}(x_i-\bar{x})^2\sum_{i=1}^{n}(t-\bar{t})^2}} \tag{3.4}$$

其中

$$\bar{t}=\frac{1}{n}\sum_{t=1}^{n}t=\frac{1+n}{2},\quad \bar{x}=\frac{1}{n}\sum_{t=1}^{n}x_t \tag{3.5}$$

采用假设检验的方法对线性回归趋势进行检验。给定显著水平 $a=0.05$，通过计算或者查阅相关系数临界值表或计算公式得到临界值 r_a。若相关系数 r 满足 $|r|>r_a$，则拒绝原假设，认为水文样本序列存在明显线性趋势；否则，接受假设，即认为水文序列的线性趋势不显著。r_a 表达式为

$$r_a=\sqrt{\frac{F_a(1,n-2)}{(n-2)+F_a(1,n-2)}} \tag{3.6}$$

3.1.2　Mann - Kendall 趋势检验法

Mann - Kendall 趋势检验法[105]是一种常用来研究降水、气温、径流等时间序列资料的中长期变化趋势预测的非参数统计检验方法，变量可以不具有正态分布特征，存在少数异常值对检验结果没有影响，而且计算简单，检测范围广，所以被广泛运用于水文变量、气象要素等非正态分布的趋势分析[106-108]。设时间数据序列为（X_1，X_2，…，X_n），n 为时间序列长度。检验统计变量 S 为

$$S=\sum_{i=2}^{n}\sum_{j=1}^{i-1}\operatorname{sgn}(X_i-X_j) \tag{3.7}$$

式中：sgn（）为符号函数。

$$\operatorname{sgn}(X_i-X_j)=\begin{cases}1 & (X_i-X_j>0)\\0 & (X_i-X_j=0)\\-1 & (X_i-X_j<0)\end{cases} \tag{3.8}$$

假设径流序列数据是相互独立的而且服从正态分布，则 S 均值为 0，方差为

$$Var(S)=\frac{n(n-1)(2n+5)}{18} \tag{3.9}$$

Mann－Kendall 趋势检验法的检验统计变量 Z 在 S 为不同值时的计算公式为

$$Z=\begin{cases}(S-1)/\sqrt{Var(S)} & (S>0)\\ 0 & (S=0)\\ (S+1)/\sqrt{Var(S)} & (S<0)\end{cases} \tag{3.10}$$

这时，在给定的 α 置信区间上，如果 $|z|\geqslant z_{\alpha/2}$，则假设不成立。也就是说，此时时间序列数据呈现明显的上升或下降趋势。当统计变量 Z 为正值时，说明序列呈上升趋势；当统计变量 Z 为负值时，表示序列呈下降趋势[109-110]。Mann－Kendall 的检验统计变量 Z 的绝对值在大于等于 1.28 时表示通过了置信度 90％的显著性检验，大于 1.64 时通过了置信度 95％的显著性检验，大于 2.32 时通过了置信度 99％的显著性检验。

3.1.3 Spearman 秩次相关检验法

Spearman 秩次相关系数又称秩相关系数，是一种利用两变量间秩次大小进行相关分析的非参数统计方法，其使用范围广且对原始变量是否服从何种分布不作特定要求。

假设水文时间样本序列为 $x_1,x_2,x_3,\cdots,x_n$，采用 Spearman 秩次相关检验法进行趋势性检验，其计算步骤如下：

（1）首先将原有的序列 $x_1,x_2,x_3,\cdots,x_n$，进行从大到小的排序，排列后的序列记为 $x_1^*,x_2^*,x_3^*,\cdots,x_n^*$；

（2）计算原有序列 $x_i(i=1,2,3,\cdots,n)$经排序后在新的序列 $x_1^*,x_2^*,x_3^*,\cdots,x_n^*$ 中的秩号，即位置，以 $RK_i(i=1,2,3,\cdots,n)$表示；

（3）计算秩次相关系数 r：

$$r=1-\frac{6\sum_{i=1}^{n}(RK_i-i^2)}{n^3-n} \tag{3.11}$$

（4）构造 t 分布检验统计量 T，t 分布的自由度为$(n-2)$。为此，系列 $x_1,x_2,x_3,\cdots,x_n$，的趋势性、是否显著等特性可以通过 t 分布进行检验。和线性趋势检验法类似，给定显著水平 $a=0.05$，可查临界值表。若

$|T|>t_{(a/2)}$，表明序列存在显著性趋势，反之，则说明序列趋势性成分不显著。

3.1.4　Hurst 指数法

英国水文学家 Hurst 在研究尼罗河水库水流量和储存能力的关系时，发现有偏的随机游走（分型布朗运动）能够很好地描述水库的长期储存能力，并在此基础上提出了用重标极差（R/S）分析法来建立 Hurst 指数，用于判断是随机游走还是有偏的随机游走。Hurst 指数法可用于定量描述时间序列的持续性，属于非参数分析法，事先不必假定数据的分布特征，样本未来的发展状况可据此分析确定。其基本原理如下：

设时间序列 $X_t(t=1,2,\cdots,n)$，对于任意正整数 $\tau(1\leqslant\tau\leqslant n)$。则均值序列为

$$\langle X\rangle_t=\frac{1}{t}\sum_{t=1}^{t}X_t \tag{3.12}$$

累积离差为

$$X(t-\tau)=\sum_{\mu=1}^{t}[X_\mu-\langle X\rangle_\tau]\quad(1\leqslant t\leqslant\tau) \tag{3.13}$$

标准差为

$$S(\tau)=\left|\frac{1}{\tau}\sum_{t=1}^{\tau}[X_t-\langle X\rangle_\tau]^2\right|^{0.5} \tag{3.14}$$

极差为

$$R(\tau)=\max_{1\leqslant t\leqslant\tau}X(t,\tau)-\min_{1\leqslant t\leqslant\tau}X(t,\tau) \tag{3.15}$$

Hurst 指数为

$$H=\ln\left[\frac{R/S}{\tau/2}\right] \tag{3.16}$$

不同序列计算出的 Hurst 指数介于 0～1 之间，其中 $H=0.5$ 时原序列为相互独立且方差是有限的，否则原序列具有长期相关性。一般认为如果 Hurst 指数在 0～0.5 之间时则表示波动比较剧烈，变量之间呈负相关，意味着未来的变化状况与过去相反，称为反持续效应，H 越小，反持续性越明显；如果

Hurst 指数从 0.5 向 1 变化，则持续效应明显，大于 0.5 表示波动比较平缓，变量之间不再相互独立，呈正相关，即如果某一时刻的变量值较大，那在这一时刻之后的变量值往往也较大，会影响未来。Hurst 指数表示了持续效应强度。

3.1.5 应用实例

1. 径流量趋势分析

采用线性趋势相关检验法、Mann - Kendall 检验法、Spearman 秩次相关检验法及 Hurst 法，对长水水文站 1960—2016 年 57 年的年径流量进行趋势分析，以线性趋势相关检验法拟合的线性趋势方程见式（3.17），检验结果如图 3.1 所示。可以看出，图中长水水文站的年径流量过程线有明显的起伏变化，有向下波动趋势，且在 1964 年呈现明显的峰值。在给定 $\alpha=0.05$ 置信水平下，查临界值表得 $r_a=0.26$。结果显示，长水站临界值 $|r|=0.58>r_a$，表明长水水文站的年径流量序列存在明显的趋势性变异。

$$y=-0.2173x+440.17 \tag{3.17}$$

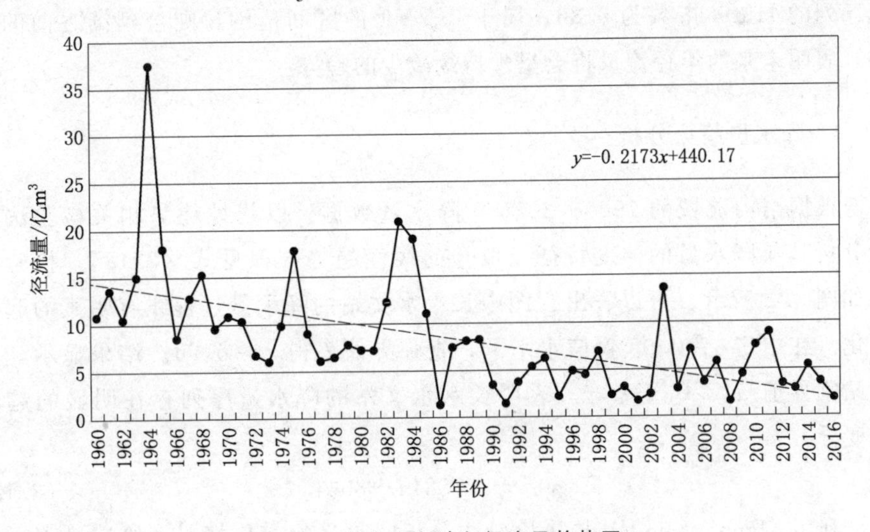

图 3.1 长水水文站年径流量趋势图

利用 Mann - Kendall 趋势检验法分析长水水文站径流的变化情况，给定

显著水平 $\alpha=0.05$，检验结果见表 3.1。

表 3.1　长水水文站年径流变化趋势 Mann－Kendall 检验分析表

检验值 Z	显著性	多年径流量均值/亿 m^3
-5.11	0.05	8.22

1960—2016 年洛河流域长水水文站年径流量多年均值为 8.22 亿 m^3，从图 3.1 中可以看出，洛河流域近 60 年径流量变化波动频繁，趋势线呈下降趋势，径流年际分布不均匀，年平均径流量最大值为 37.62 亿 m^3，最小值为 1.32 亿 m^3。运用 Mann－Kendall 趋势检验法得出检验值 Z 为 -5.11，同样表明长水站年径流量整体上呈现出下降趋势。通过了显著水平 $\alpha=0.05$ 的检验，下降趋势显著。

采用 Spearman 秩次相关检验法对同样的年平均径流量序列进行趋势分析。长水水文站的年径流量序列统计量 T 服从自由度为 55 的 t 分布。给定显著水平 $\alpha=0.05$，查 t 分布表得临界值为 2.41。经计算长水水文站的年径流量序列统计量 $|T|=6.64>2.41$，表明长水水文站年径流量序列存在显著减少趋势。

采用 Hurst 指数法对平均径流量进行未来趋势分析，长水水文站的年径流序列的 Hurst 指数为 0.86，属于 0.5～1 的区间范围，则会延续之前的趋势，表明未来的年径流量将会呈现持续减少的趋势。

2. 降水量趋势分析

根据洛河流域的 1960—2016 年降水量数据，以线性趋势相关检验法统计分析其年降水量的演变特征，拟合的线性趋势方程见式（3.18），检验结果如图 3.2 所示。可以看出，图中长水水文站的降水量过程线有明显的起伏变化。在给定 $\alpha=0.05$ 置信水平下，查临界值表得 $r_a=0.26$。结果显示，长水站临界值 $|r|=0.43>r_a$。表明长水水文站的降水量序列存在明显的趋势性变异。

$$y=-3.7884x+8044 \tag{3.18}$$

利用 Mann－Kendall 趋势检验法分析降水量的变化情况，给定显著水平 $\alpha=0.1$，检验结果见表 3.2。

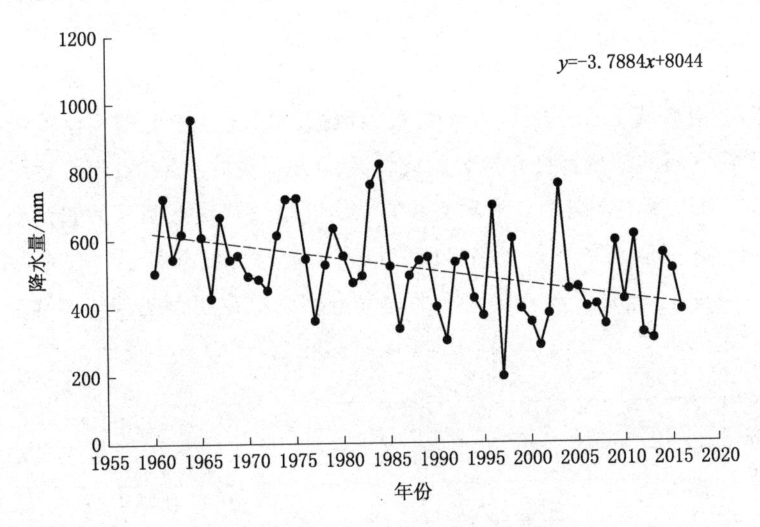

图 3.2 长水水文站年降水量趋势图

表 3.2 长水水文站年降水量变化趋势 Mann - Kendall 检验分析表

Z	显著性	多年降水量均值/mm
−1.37	0.1	578.3

1960—2016 年洛河流域长水水文站年降水量多年均值为 578.3mm，从图 3.2 中可以看出，洛河流域近 60 年降水量变化波动频繁，趋势线呈下降趋势，降水年际分布不均匀，年平均降水量最大值为 954.9mm，最小值为 295.8mm。运用 Mann - Kendall 趋势检验法得出检验值 Z 为 −1.37，同样表明长水站年降水量整体上呈现出下降趋势；通过了显著水平 $\alpha=0.1$ 的检验，认为减少趋势显著。

采用 Spearman 秩次相关检验法对同样的降水量序列进行趋势分析。长水水文站的降水量序列统计量 T 服从自由度为 55 的 t 分布。给定显著水平 $a=0.05$，查 t 分布表得临界值为 2.41。计算显示，长水水文站的降水量序列统计量 $|T|=3.51>2.41$，表明长水水文站降水量序列存在显著减少趋势。

采用 Hurst 指数法对平均降水量进行未来趋势分析，长水水文站的年降水量序列的 Hurst 指数为 0.24，在 0～0.5 的区间范围内，则会与之前的趋势情况相反，表明未来的年降水量可能会出现增加的趋势。

3. 平均气温趋势分析

根据洛河流域 1960—2016 年平均气温数据，以线性趋势相关检验法统计分析其年平均气温的演变特征，拟合的线性趋势方程见式（3.19），检验结果如图 3.3 所示。可以看出，图中长水水文站的平均气温过程线有明显的起伏变化。在给定 $\alpha=0.05$ 置信水平下，查临界值表得 $r_a=0.26$。结果显示，长水站临界值 $|r|=0.50>r_a$，表明长水水文站的平均气温序列存在明显的趋势性变异。

$$y=0.0164x-18.22 \tag{3.19}$$

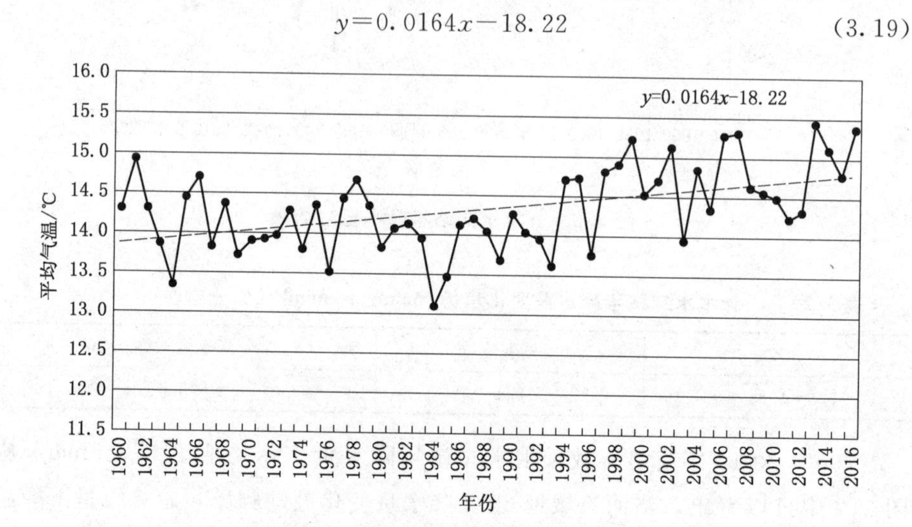

图 3.3　长水水文站年平均气温趋势图

利用 Mann - Kendall 趋势检验法分析平均气温的变化情况，给定显著水平 $\alpha=0.05$，检验结果见表 3.3。

表 3.3　长水水文站年平均气温变化趋势 Mann - Kendall 检验分析表

Z	显著性	多年气温均值/℃
3.63	0.05	14.3

1960—2016 年洛河流域长水水文站年平均气温多年均值为 14.3℃，从图 3.3 中可以看出，洛河流域近 60 年平均气温变化波动频繁，趋势线呈上升趋势。运用 Mann - Kendall 趋势检验法得出检验值 Z 为 3.63，同样表明长水站年平均气温整体上呈现出上升趋势。通过了显著水平 $\alpha=0.05$ 的检验，认为上升趋势显著。

采用 Spearman 秩次相关检验法对同样的降水量序列进行趋势分析。长水水文站的平均气温序列统计量 T 服从自由度为 55 的 t 分布。给定显著水平 $\alpha=0.05$，查 t 分布表得临界值为 2.41。计算显示，长水水文站的平均气温序列统计量 $|T|=4.13>2.41$，表明长水水文站平均气温序列均存在显著增加趋势。

采用 Hurst 指数法对平均气温进行未来趋势分析，长水水文站的年平均气温序列的 Hurst 指数为 0.77，在 0.5～1 的区间范围内，则会持续之前的趋势，表明未来的年平均气温将会呈现持续增加的趋势。

4. 蒸发量趋势分析

流域内全年蒸发量是影响径流的重要因子之一，蒸发量的大小受控于相对湿度、温度、风速、辐射等因素的影响。本书基于洛河流域的 3 个气象站的气象数据序列计算洛河流域年蒸发量，其年际变化趋势如图 3.4 所示，1961—2016 年期间洛河流域年蒸发量总体呈现较为明显的下降趋势，其中 1966 年达到最大，为 1.19m，高出多年平均值（0.81m）0.38m，在 2000 年最少，为 0.54m。采用 Mann - Kendall 趋势检验得出，洛河流域 1961—2016 年年蒸发量的检验值 $|Z|=5.24$，通过 $\alpha=0.01$ 的显著性检验，表明洛河流域年蒸发量呈显著下降趋势。通过 R/S 分析结果表明，洛河流域年蒸发量 Hurst 值为 $0.799>0.5$，说明年蒸发量的趋势与过去具有持续性，结合 Mann - Kendall 趋势检验，年蒸发量在未来一段时间具有持续下降趋势。

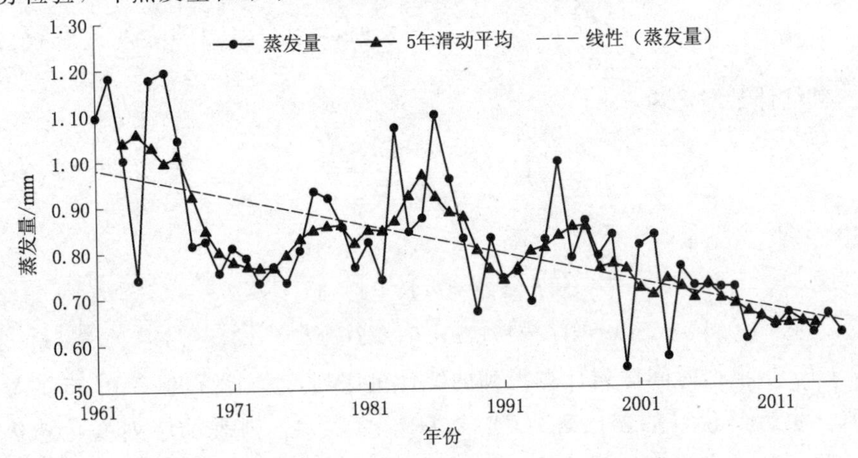

图 3.4 1961—2016 年洛河流域年蒸发量年际变化曲线

综上所述，洛河流域年蒸发量的变化总体呈现显著下降趋势。但是，蒸散发对流域径流的影响却不可因此而被忽视，蒸发属于流域水循环中的重要组成部分，蒸发量的减少在一定程度上能够造成维持流域径流量的下降。

3.2 变异分析

3.2.1 Mann - Kendall 突变检验法

Mann - kendall 法最初由曼（H. B. Mann）和肯德尔（M. G. Kendall）提出，故又称曼-肯德尔法，后经其他学者的进一步改建和完善，逐渐推广为现有的形式。Mann - Kendall 突变检验是一种非参数统计检验方法，不易受少数异常值的干扰，也无须分析对象满足一定的分布条件，计算过程简单，被广泛应用于数据序列的突变点检验中。

Mann - Kendall 突变检验分析秩序列构造为

$$S_k = \sum_{i=1}^{k} r_i \tag{3.20}$$

其中

$$r_i = \begin{cases} +1, \text{当 } x_i > 0 \\ 0, \text{当 } x_i \leqslant x_j \end{cases}, \quad (j=1,2,\cdots,i;k=1,2,\cdots n) \tag{3.21}$$

其统计量定义为

$$UF_k = \frac{S_k - E(S_k)}{\sqrt{Var(S_k)}} \tag{3.22}$$

其中

$$E(S_k) = k(K+1)/4 \tag{3.23}$$

$$Var(S_k) = k(k-1)(2k+5)/72 \quad (k=1,2,\cdots,n) \tag{3.24}$$

UF_k 是根据时间序列计算得到的统计量序列，本书给定 $\alpha=0.05$ 的显著水平，也就是说，如若出现 $|UF_k| > U_{0.05} = 1.96$，则表示序列变化趋势显著。将 x 的时间序列，即本书 1960—2016 年的径流、降水、气温数据，按逆序排列，并重复上述过程计算出 $-UB_k = UF_k$，当 UF 曲线位于 0 刻度线

以上时，表明序列呈上升趋势；当 UF 位于 0 刻度线以下时，则表明序列呈下降趋势；当 UF、UB 两曲线有交点时，说明该时间序列存在突变点，交点即突变点。

这一方法不仅可以确定突变起始时间，明确突变范围，还可以判断序列趋势性，是一种常用的变异检验方法。

3.2.2 Pettitt 检验法

Pettitt 检验法和 Mann - Kendall 法类似，不仅可以检验序列变异的发生位置，还可以通过检验确定变异点位置的显著性。Pettitt 检验法最早由 Pettitt 于 1979 年提出。Pettitt 检验法是在给定的显著性水平下，检验连续序列的两个子系列 $U_{t-1,n}$ 和 $V_{t,n}$ 是否来源于同一分布函数。构造的统计量 $U_{t,n}$ 的具体计算过程如下。

假设水文序列为 $x_1, x_2, x_3, \cdots, x_n$ 可能发生变异，令变异时刻为 t，以可能变异点为分割点，将原样本序列分为子系列 $U_{t-1,n}(x_1, x_2, x_3, \cdots, x_t)$ 和子系列 $V_{t,n}(x_{t+1}, x_{t+2}, \cdots, x_n)$，则有

$$U_{t,n}=U_{t-1,n}+V_{t,n} \quad t=2,3,4,\cdots,n \tag{3.25}$$

$$V_{t,n} = \sum_{j=1}^{n} \operatorname{sgn}(x_t - x_j) \tag{3.26}$$

$$\operatorname{sgn}=(x_j-x_i)=\begin{cases} +1, x_j-x_i>0 \\ 0, x_j-x_i=0 \\ -1, x_j-x_i<0 \end{cases} \tag{3.27}$$

计算不同时间 t 处的统计量 $U_{t,n}$，确定可能变异点 K 发生位置，即

$$K=\max_{1\leqslant t\leqslant n}(|U_{t,n}|) \tag{3.28}$$

突变点的显著性水平可以表示为

$$P=2\exp\left\{\frac{-6K^2}{(n^2+n^3)}\right\} \tag{3.29}$$

给定置信水平 $a=0.05$，假设原水文序未发生变异，当 $P<0.05$，则原假设不成立，即认为在 0.05 的置信水平下，序列在位置 t 处发生显著变异，否则，接受原假设。

3.2.3　应用实例

1. 径流量

为了更好地展示 1960—2016 年洛河流域径流趋势变化及突变特征，利用 Mann-Kendall 突变检验对洛河流域的径流变化趋势及突变点进行了分析，所得结果如图 3.5 所示。

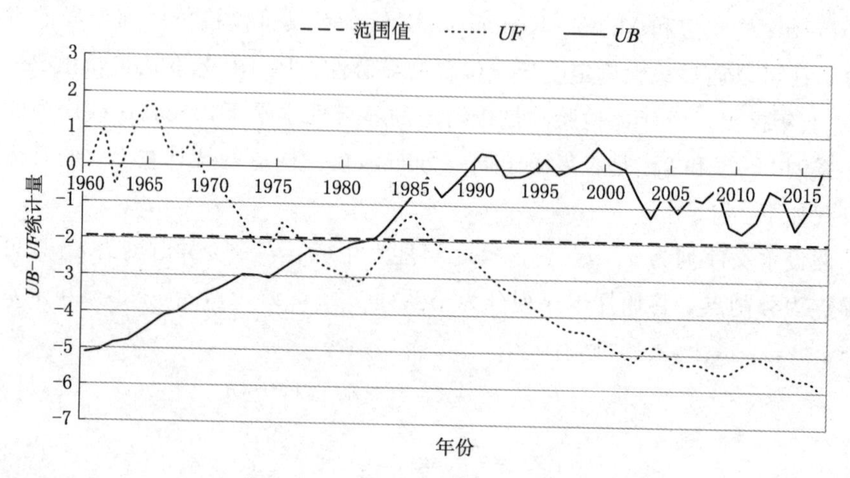

图 3.5　径流量 Mann-Kendall 突变检验曲线图

从图 3.5 中可以看出，*UF*、*UB* 曲线只存在 1 个交点，即 1 个突变点 1977 年，而且从 1969 年开始 *UF* 值便处于 0 刻度线以下，1990 年以后 *UF* 值超过了 1.96，这表明洛河流域的径流呈明显的下降趋势。

基于 Mann-Kendall 检验成果，采用 Pettitt 检验法对已有的检测结果进行假设，假设时间序列在 1977 年、1985 年均未发生变异，分别使用 3.2.2 节所介绍的公式计算可能变异点位置。结果显示 $K_{1977}=380$，$K_{1985}=326$。分别计算假设的两个变异点显著性结果为 $P_{1977}=0.020<0.05$，$P_{1985}=0.068>0.05$。由计算结果可知，1977 年假设不成立，因此认为时间序列在 1977 年发生变异；1985 年假设成立，时间序列在 1985 年未发生变异。因此，可确定长水水文站年径流量序列在 1977 年发生显著性突变。

2. 降水量

利用 Mann - Kendall 突变检验对洛河流域的降水量变化趋势及突变点进行分析，如图 3.6 所示。

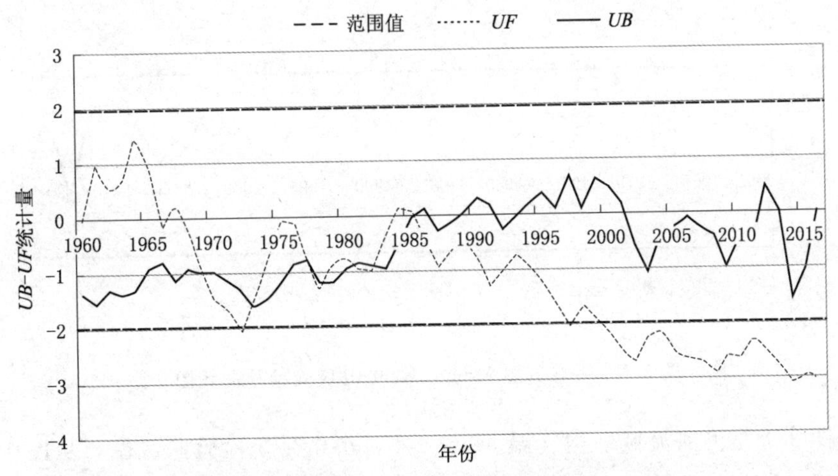

图 3.6 降水量 Mann - Kendall 突变检验曲线图

图 3.6 是洛河流域降水量 Mann - Kendall 突变检验曲线图，从图中可以看出，*UF*、*UB* 曲线存在 6 个交点，即 6 个突变点，分别为 1969 年、1973 年、1977 年、1981 年、1982 年以及 1985 年，而且从 1985 年之后 *UF* 值便一直处于 0 刻度线以下，1997 年 *UF* 值超过了 1.96，这表明洛河流域的降水量趋势呈明显的下降趋势。

基于 Mann - Kendall 检验成果，采用 Pettitt 检验法对已有的检测结果进行假设，假设时间序列在 1969 年、1973 年、1977 年、1981 年、1982 年以及 1985 年均未发生变异，分别使用 3.2.2 节所介绍的公式计算可能变异点位置。结果显示 $K_{1969}=370$，$K_{1973}=367$，$K_{1977}=382$，$K_{1981}=349$，$K_{1982}=352$，$K_{1985}=359$。对变异点显著性进行检验，计算显示 $P_{1969}=0.026<0.05$，$P_{1973}=0.027<0.05$，$P_{1977}=0.019<0.05$，$P_{1981}=0.041<0.05$，$P_{1982}=0.039<0.05$，$P_{1985}=0.033<0.05$。因此，拒绝原假设，可确定长水水文站降水量序列在 1969 年、1973 年、1977 年、1981 年、1982 年以及 1985 年均发生显著性变异。

3. 平均气温

利用 Mann - Kendall 突变检验对洛河流域的平均气温变化趋势及突变点

进行分析，如图 3.7 所示。

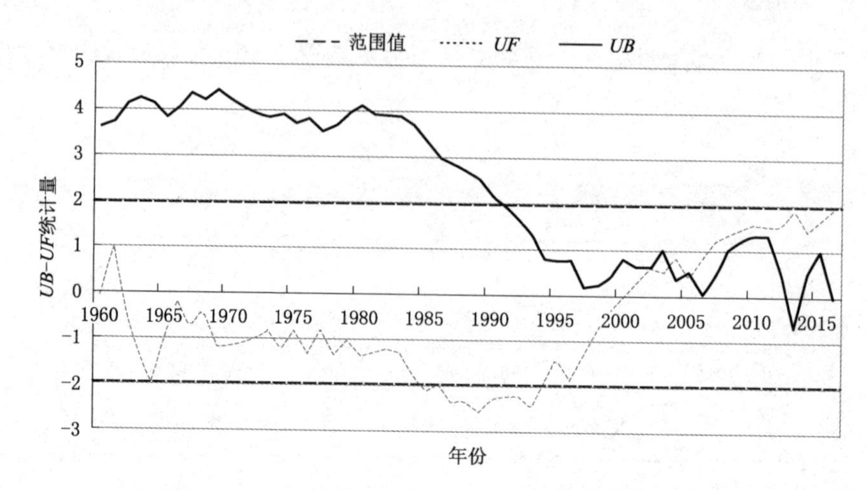

图 3.7　平均气温 Mann - Kendall 突变检验曲线图

图 3.7 是洛河流域平均气温 Mann - Kendall 突变检验曲线图，从图中可以看出，*UF*、*UB* 曲线只存在 2 个交点，即 2 个突变点 2002 年和 2005 年，1962 年开始 *UF* 值处于 0 刻度线以下，2000 年之后又处于 0 刻度线之上，这表明洛河流域的平均气温整体上呈现上升趋势。

基于 Mann - Kendall 检验成果，采用 Pettitt 检验法对已有的检测结果进行假设，假设时间序列在 2002 年以及 2005 年均未发生变异，分别使用 3.2.2 节所介绍的公式计算可能变异点位置。结果显示 $K_{2002}=382, K_{2005}=361$，对变异点显著性进行检验，计算显示 $P_{2002}=0.019<0.05, P_{2005}=0.032<0.05$。因此，拒绝原假设，可确定长水水文站平均气温序列在 2002 年及 2005 年均发生显著性突变。

4. 蒸发量

洛河流域 1961—2016 年年蒸发量 Mann - Kendall 突变检验结果如图 3.8 所示。*UF* 和 *UB* 曲线在 1999—2000 年之间发生交汇，但不在显著性水平线之间，说明洛河流域蒸发量在 1999—2000 年之间发生突变。*UF* 曲线在整个时间序列中几乎都小于 0，时间数据序列呈下降趋势，且在 2003 年后超过了置信区间下限，表明研究期间洛河流域蒸发量呈显著下降的趋势。

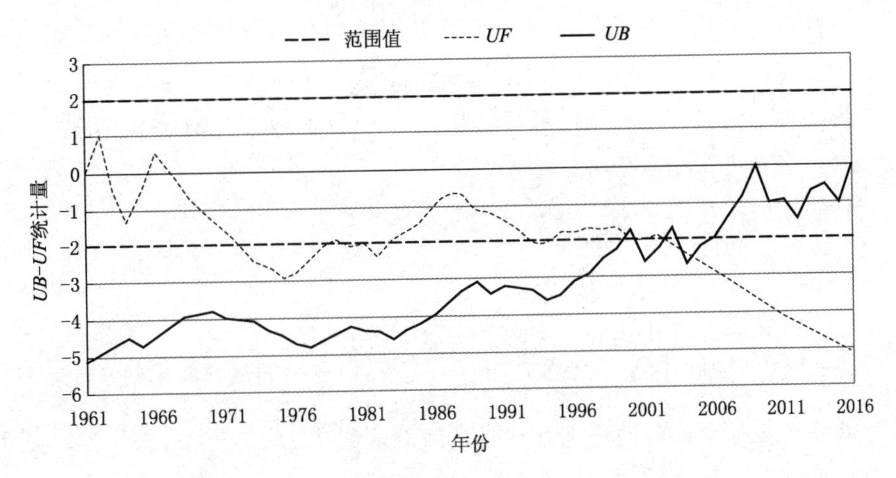

图 3.8 洛河流域蒸发量 Mann - Kendall 突变检验曲线图

3.3 周期性分析

3.3.1 小波分析法

小波分析（wavelet analysis）又称小波变换，是在傅里叶变换基础上发展起来的一个数学分支，小波分析提供了一种可调变的时频窗口，对高、低频能进行多尺度细分，在工程中得到广泛应用[111]。在时域和频域，小波分析为更好地研究时间序列问题提供了可能[112]，它可以清晰地揭示出隐含在时间序列中各种随时间变化的周期[113-116]。

小波分析的基本思想是用一簇小波函数来表示或逼近某一信号或函数。因此，小波函数是小波分析的关键，它是指具有震荡性、能够迅速衰减到 0 的一类函数，小波函数表达式为：$\psi(t)\in L^2(R)$且满足：$\int_{-\infty}^{+\infty}\psi(t)\,\mathrm{d}t=0$ 。

式中：$\psi(t)$为基小波函数，可通过尺度的伸缩和时间轴上的平移得到一簇函数

$$\psi_{a,b}(t)=|a|^{-1/2}\psi\left(\frac{t-b}{a}\right) \tag{3.30}$$

式中：$\psi_{a,b}(t)$为子小波；a 为尺度因子；b 为时间因子；$a,b\in R,a\neq0$。

选择合适的基小波函数是进行小波分析的前提。目前常用的小波函数有Morlet小波、Mexicanhat小波和Haar小波等。Morlet小波与径流时间序列的波形相近，而且在时频域局部性较好[117]，所以本书采用Morlet小波对洛河流域径流序列进行小波分析。

设一个时间序列 $f(t)$，其连续小波变换函数为

$$W_f(a,b) = |a|^{-1/2}\int_{-\infty}^{+\infty} f(t)\overline{\psi}\left(\frac{t-b}{a}\right)\mathrm{d}t \tag{3.31}$$

式中：$W_f(a,b)$为小波变换函数；$\overline{\psi}\left(\frac{t-b}{a}\right)$为$\psi\left(\frac{t-b}{a}\right)$的复共轭函数。

在实际工作中，时间序列往往是离散的，如 $f(k\Delta t),k=1,2,\cdots,N$；$\Delta t$ 为取样时间间隔，则式（3.31）的离散小波变换形式为

$$W_f(a,b) = |a|^{-1/2}\Delta t\sum_{k-1}^{N} f(\Delta t)\overline{\psi}\left[\frac{k\Delta t-b}{a}\right] \tag{3.32}$$

由式（3.32）可知，小波变换公式中有参数 a、b，表明该公式可以同时反映出时域参数 b 和频域参数 a 的变化过程。根据 $W_f(a,b)$随频域 a 和时域 b 的变化可以做出以时域 b 为横坐标、以频域 a 为纵坐标的 $W_f(a,b)$等值线图，即小波变换系数等值线图。

将小波系数的平方值在 b 域上进行积分，可得到小波方差，即

$$Var(a) = \int_{-\infty}^{+\infty} |W_f(a,b)|^2 \mathrm{d}b \tag{3.33}$$

在一定尺度下，小波方差 $Var(a)$数值表示该时间尺度周期波动的能量大小。小波方差随时间尺度 a 变化的过程称为小波方差图。小波方差图不仅能够反映出水文时间序列中所包含的不同周期波动，还能反映出它们的能量大小。因此，通过小波方差图可以简单直观地确定出水文时间序列中存在多少个周期，有几个主要周期。

3.3.2　应用实例

1. 径流量

利用上述小波分析方法，对延伸后的年径流量序列进行Morlet小波变换，

并利用 Matlab 和 Sufer8.0 绘制了径流量小波方差图和小波系数实部模的等值线图，如图 3.9 所示。

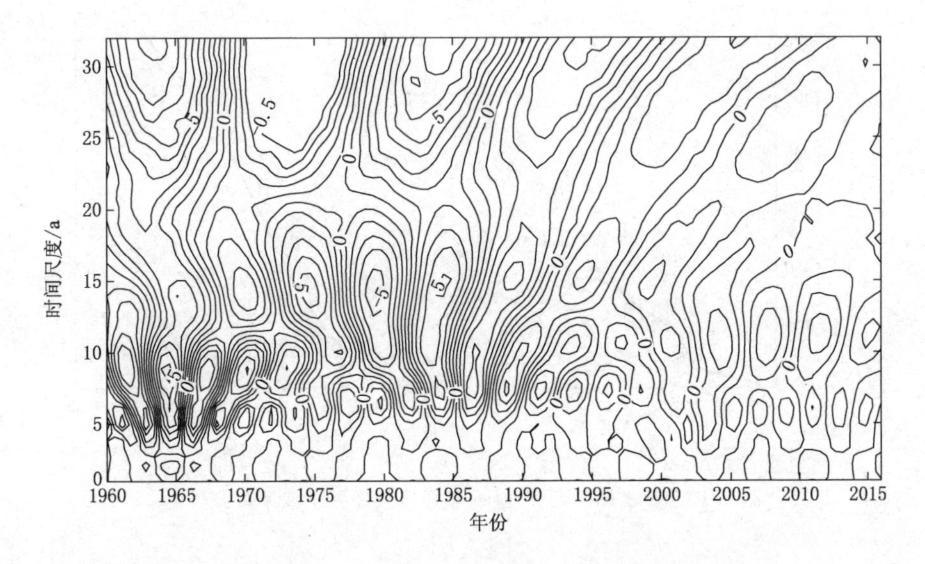

图 3.9 长水水文站 1960—2016 年径流量序列小波变化实部等值线图

图 3.9 是借助 Surfer8.0 插值绘制的长水水文站 1960—2016 年径流量变化的小波系数实部等值线图。图 3.9 显示了洛河流域存在 2 类周期变化：8～12 年，以 10 年左右为震荡中心；13～18 年，以 15 年左右为震荡中心。

为进一步探求洛河流域径流序列的主要周期，进行了小波方差计算。图 3.10 所示为长水水文站 1960—2016 年径流量序列小波系数方差图。小波系数方差图反映了不同时间尺度下年径流时间序列的变化情况，可以用来识别时间序列中各种尺度的震荡强弱和周期变化特征，由此能够确定年径流变化的主要周期。由图 3.10 可知：小波系数方差存在 2 个较为明显的峰值，依次为 10 年、15 年的时间尺度，其中，10 年对应的峰值最大，说明 10 年左右的时间尺度对应的周期震荡最强烈，为流域年径流变化的第一主周期，15 年左右的时间尺度对应第二峰值，为流域年径流变化的第二主周期。因此，从小波方差峰值的大小来看，控制洛河流域径流变化的周期依次为 10 年、15 年。

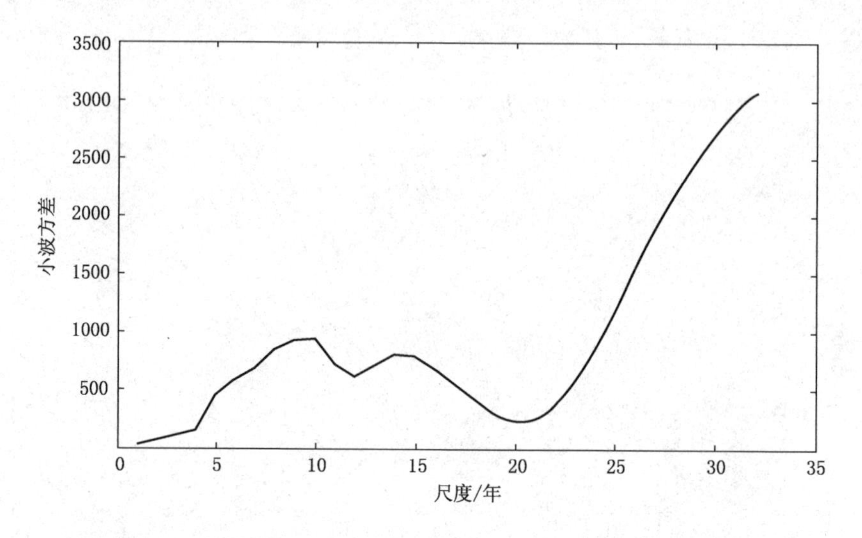

图 3.10　长水站 1960—2016 年径流量序列小波系数方差图

2. 降水量

降水量小波方差图和小波系数实部模的等值线图，如图 3.11 所示。

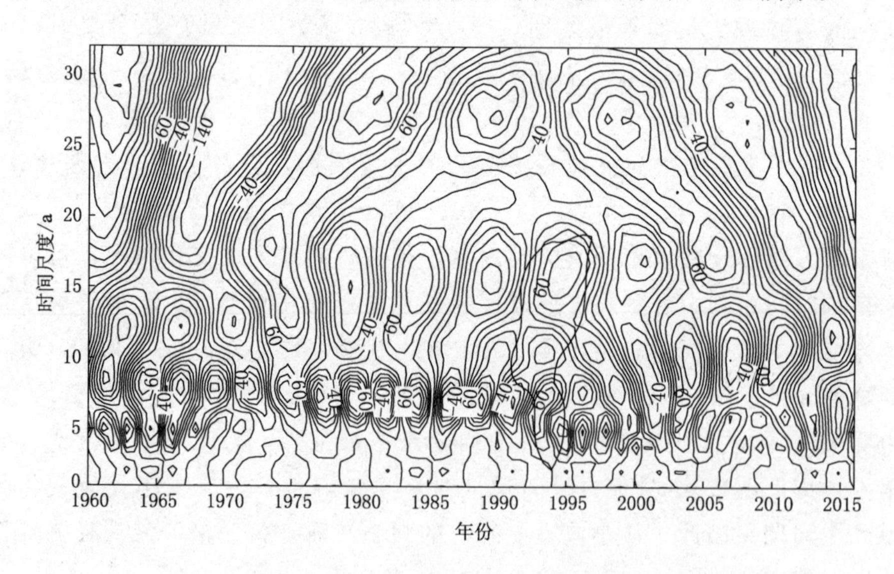

图 3.11　1960—2016 年降水量序列小波变化实部等值线图

图 3.11 所示为年降水量序列小波变化实部等值线图，显示了年降水量存在 4 类周期变化：5～10 年，以 8 年左右为震荡中心；在 10～20 年出现了两个震荡中心，一个是 12 年左右，另一个是 18 年左右；25～30 年，以 27 年左右为震荡中心。

图 3.12 所示为 1960—2016 年降水量序列小波系数方差图。由图 3.11 可知：小波系数方差存在 4 个较为明显的峰值，依次为 8 年、12 年、18 年、27 年的时间尺度。其中，27 年对应的峰值最大，说明 27 年左右的时间尺度对应的周期震荡最强烈。为流域年降水变化的第一主周期；18 年左右的时间尺度对应第二峰值，为流域年径流变化的第二主周期；8 年左右的时间尺度对应第三峰值，为流域年径流变化的第三主周期；12 年左右的时间尺度对应第四峰值，为流域年径流变化的第四主周期。因此，从小波方差峰值的大小来看，控制洛河流域降水量变化的周期依次为 27 年、18 年、8 年、12 年。

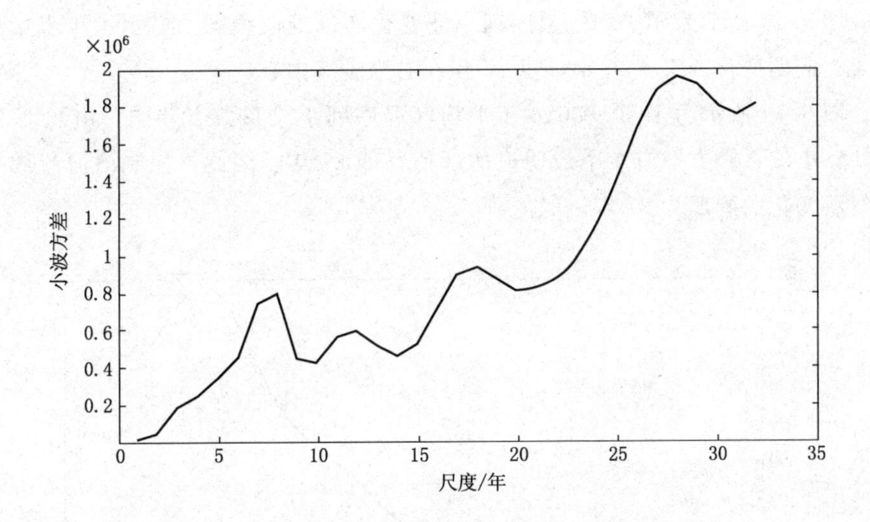

图 3.12　1960—2016 年降水量序列小波系数方差图

3. 平均气温

平均气温小波方差图和小波系数实部模的等值线图，如图 3.13 所示。

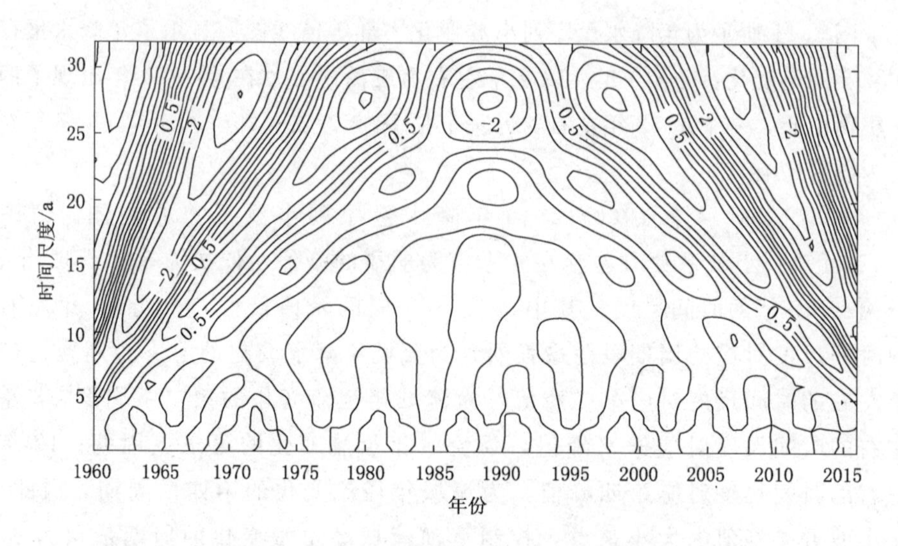

图 3.13　1960—2016 年平均气温序列小波变化实部等值线图

图 3.13 所示为年平均气温序列小波变化实部等值线图，显示了年水量存在 1 类周期变化：25～30 年，以 27 年左右为震荡中心。

图 3.14 所示为 1960—2016 年平均气温序列小波系数方差图。由图 3.14 可知：小波系数方差有 1 个最明显的峰值，即 27 年。因此，控制洛河流域平均气温变化的周期为 27 年。

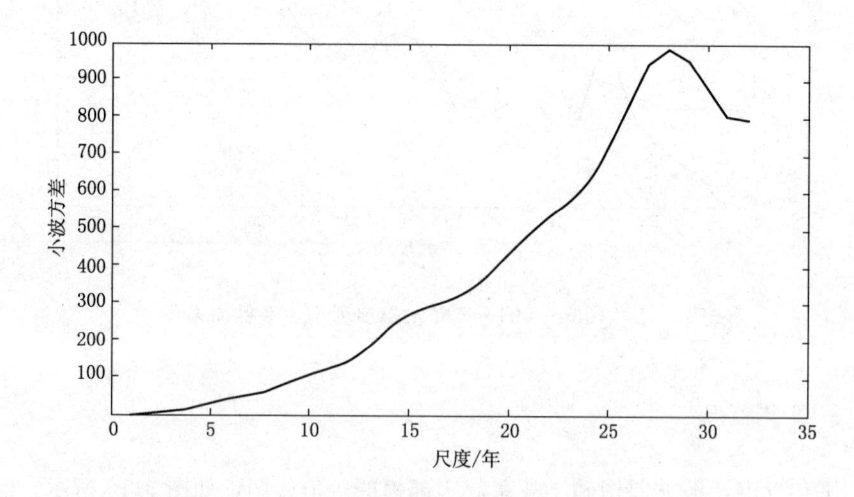

图 3.14　1960—2016 年平均气温序列小波系数方差图

3.4 本章小结

本章针对长水水文站径流、降水量及平均气温情况进行了趋势分析、突变分析和周期分析。通过线性趋势相关检验、Mann - Kendall 趋势检验法、Spearman 秩次相关检验法对长水水文站径流量、降水量、平均气温的年际变化进行分析，结果显示径流量和降水量呈明显下降趋势，平均气温呈明显上升趋势；通过 Mann - Kendall 突变检验和 Pettitt 检验法分析，发现长水水文站径流、降水和平均气温在 1985 年均发生突变，据调查显示 1986 年、1988 年洛宁县均发生了山洪灾害，由此推断三者存在较大的相关性；通过小波分析法进行周期性检验，洛河流域径流、降水、气温变化的周期存在一定程度的相似，径流变化的周期依次为 10 年、15 年，年降水量的变化周期为 27 年、18 年，平均气温的变化周期为 27 年，由此推断年降水量对径流变化的影响大于平均气温对径流的影响。

第4章 水文要素序列重构方法与应用

4.1 概述

目前主要还是依据还原还现的方法，重新构造满足一致性要求的水文要素序列，即将变异点之后的降水、径流、气温、风速等水文要素序列还原到气候变化和人类活动影响不大时期的“天然”水文要素序列，或者是将变异点之前的降水、径流等水文要素序列还现到当前气候条件和人类活动影响下的修正序列，从而得到重构序列，满足一致性要求。目前，常用的重构方法有简单统计相关法、分解合成法、修改水库指数法以及震动中心重构等。

陆中央[118]运用统计相关的方法对平原地区和山区建立降雨径流相关关系图，通过对时期的划分确定现状时期，将代表站的天然流量序列还现为现状流量序列。胡义明和梁忠民[119]采用滑动秩和检验法、有序聚类法对金沙江流域某站点洪量序列的变异性进行检验，对修正后的序列和原序列频率进行分析，结果表明，两个序列的设计成果随着设计标准的降低，表现为显著性差异。

本章重点使用分解合成方法对降雨、径流、气温、风速等水文要素序列的跳跃性成分进行分解与合成，对非一致性水文要素序列进行修正，使水文要素序列满足一致性要求。

4.2　分解合成法的基本原理

重构水文要素序列的分解合成法最早是由谢平等[120]提出的，假设水文要素序列的一致性发生改变，由随机性成分和确定性成分组成，其中随机性规律是满足相对一致性的，确定性成分规律是反映序列非一致性变化的。采用相关统计分析方法对水文序列的变异性进行识别与检验，根据识别检验结果，以随机性成分拟合确定性水文序列，建立确定性成分与时间的相关关系，以原序列值减去对应序列的确定性成分，得到满足序列一致性的随机性序列，即认为序列得到了还原。此方法在不仅可以修正序列的一致性，还可以在一定程度上对未来的趋势变化进行预测。即通过确定性成分拟合的函数，预测未来时段的确定性成分，依据分解合成理论，对随机性成分和预测部分的确定性成分相叠加，进而得到满足一致性要求的不同时期水文时间序列。但是，对于预测时间较长的序列，此种方法的预测结果可能难以令人信服，其预测结果存在一定的风险。

以年径流量序列为例，假设实测流量时间序列 X 为 $\{x_1,x_2,x_3,\cdots,x_t,\cdots,x_n\}$，序列变异发生时间为 t_0，则原流量序列可描述为

$$x_t=\begin{cases}S_t & (1\leqslant t<t_0)\\ S_t+Y_t & (t_0\leqslant t\leqslant n)\end{cases} \tag{4.1}$$

式中：S_t 为流量时间序列的随机性成分；Y_t 为确定性成分。

流量序列的分解过程又可成为流量序列的还原，即将流量时间序列的确定性成分 $\{Y_t,t_0\leqslant t\leqslant n\}$ 从原序列 X 中分离，得到新的随机流量序列 $\{S_t,1\leqslant t\leqslant n\}$。由新的随机流量序列 $\{S_t,1\leqslant t\leqslant n\}$ 拟合还原后的分布函数 $F_1(x)$。流量序列的合成是指将随机性成分与特定时刻的确定性成分相叠加，得到合成后的随机序列，也可理解为在特定时刻条件下的流量序列的还现过程。此方法实际上可以理解为还原历史条件下的天然流量过程或对现状条件下流量序列的还现过程。流量序列的分解合成具体计算步骤如下：

(1) 给定显著水平 $\alpha=0.05$，检验实测流量序列是否满足一致性要求，若不满足，则划分序列的随机性成分和确定性成分，选取合适的分布函数对序列中的确定性成分进行拟合。

(2) 分离原流量序列中的确定性成分，据此得到还原后的历史条件下的天然随机流量序列。

(3) 利用还原后的天然随机序列与给定时刻的确定性成分相叠加，得到还现后的特定时刻条件下的合成流量序列。

一般来说，很难准确地划分和拟合流量序列中的变异性成分和趋势性成分，因此，通常只拟合其中的一种确定性成分，检验分解后的流量序列时候满足一致性要求，若满足一致性，则认为重新构造的流量序列为随机序列。

4.3 基于分解合成法的水文序列重构

以 1960—2016 年间 57 年的径流量、降水量、平均气温序列为例，给定显著水平 $\alpha=0.05$，对径流量、降水量、平均气温序列进行分解与合成，修正径流量、降水量、平均气温序列的非一致性，并将还现后的径流量、降水量、平均气温序列与实测径流量、降水量、平均气温序列进行对比分析。

4.3.1 水文要素序列分解

根据 4.2 节中对长水水文站水文要素序列变异的分析结果，可以得出，长水水文站径流量序列在 1977 年发生变异，1960—1977 年和 1978—2016 年两个子序列的均值分别为 $\overline{y_{11}}=12.71$ 亿 m^3、$\overline{y_{12}}=6.14$ 亿 m^3，差值 $\Delta y_1=\overline{y_{11}}-\overline{y_{12}}=6.50$ 亿 m^3。因此，对于特定年份 t 的变异性成分计算公式可表示为

$$Y_{t_1}=\begin{cases}0 & (1960\leqslant t_1\leqslant 1977)\\ -6.5 & (1978\leqslant t_1\leqslant 2016)\end{cases} \tag{4.2}$$

径流量序列的随机性序列可表示为

$$S_{t_1}=X_{t_1}-Y_{t_1}=\begin{cases}x_{1i} & (1960\leqslant t_1\leqslant 1977)\\ x_{1i}+6.5 & (1978\leqslant t_1\leqslant 2016)\end{cases} \tag{4.3}$$

降水量序列变异分析结果显示有 6 个突变点，分别为 1969 年、1973 年、1977 年、1981 年、1982 年以及 1985 年。考虑其突变发生时间间隔较短，且

影响降雨因素较多，极端气候以及人类活动都对降水量有较大的影响。综合多方面因素，以最近一次发生序列变异的年份作为整体序列的变异点，即认为序列在1985年发生变异。1960—1985年和1986—2016年两个子序列的均值分别为$\overline{y_{21}}=615.38\text{mm}$，$\overline{y_{22}}=547.15\text{mm}$，差值$\Delta y_2=\overline{y_{21}}-\overline{y_{22}}=68.23\text{mm}$。因此，对于特定年份$t$的变异性成分计算公式可表示为

$$Y_{t_2}=\begin{cases}0 & (1960\leqslant t_2\leqslant 1985)\\ -68.23 & (1986\leqslant t_2\leqslant 2016)\end{cases} \tag{4.4}$$

降水量序列的随机性序列可表示为

$$S_{t_2}=X_{t_2}-Y_{t_2}=\begin{cases}x_{2i} & (1960\leqslant t_2\leqslant 1985)\\ x_{2i}+68.23 & (1986\leqslant t_2\leqslant 2016)\end{cases} \tag{4.5}$$

平均气温序列变异分析结果显示有2个突变点，分别为2002年和2005年。1960—2002年，2003—2005年和2006—2016年三个子序列的均值分别为$\overline{y_{31}}=14.19℃$，$\overline{y_{32}}=14.39℃$，$\overline{y_{33}}=14.86℃$，差值$\Delta y_1=\overline{y_{31}}-\overline{y_{32}}=-0.2℃$，$\Delta y_2=\overline{y_{32}}-\overline{y_{33}}=-0.47℃$。因此，对于特定年份$t$的变异性成分计算公式可表示为

$$Y_{t_3}=\begin{cases}0 & (1960\leqslant t_3\leqslant 2002)\\ 0.2 & (2003\leqslant t_3\leqslant 2005)\\ 0.47 & (2006\leqslant t_3\leqslant 2016)\end{cases} \tag{4.6}$$

平均气温序列的随机性序列可表示为

$$S_{t_3}=X_{t_3}-Y_{t_3}=\begin{cases}x_{3i} & (1960\leqslant t_3\leqslant 2002)\\ x_{3i}-0.2 & (2003\leqslant t_3\leqslant 2005)\\ x_{3i}-0.47 & (2006\leqslant t_3\leqslant 2016)\end{cases} \tag{4.7}$$

式中：x_{1i}、x_{2i}、x_{3i}分别表示为长水水文站的实测径流量、降水量、平均气温序列；t_1、t_2、t_3分别表示径流量、降水量、平均气温时间序列突变发生时间。

长水水文站实测径流量、降水量、平均气温时间序列祛除变异性成分后的水文序列分别如图4.1、图4.2和图4.3所示。由图4.1～图4.3可得，经分解后的水文要素序列线性趋势更平稳一些。在给定显著水平$\alpha=0.05$下，检验分解后的水文要素序列的一致性，线性趋势检验结果表明，长水水文站的径流量、降水量、平均气温相关系数$|r_1|$、$|r_2|$和$|r_3|$分别为0.21、0.19和0.24，均小于临界值0.26。Spearman秩次相关检验法检验结果为：长水水文站径流量、降水量、平均气温序列的统计量$|T_1|$、$|T_2|$和$|T_3|$分别为1.34、

0.04 和 1.91，均小于服从各自对应自由度为 55 的 t 分布的统计量。两种检验方法均表明变异分解后的流量序列满足一致性要求，因此认为变异分解后的序列为随机流量序列。

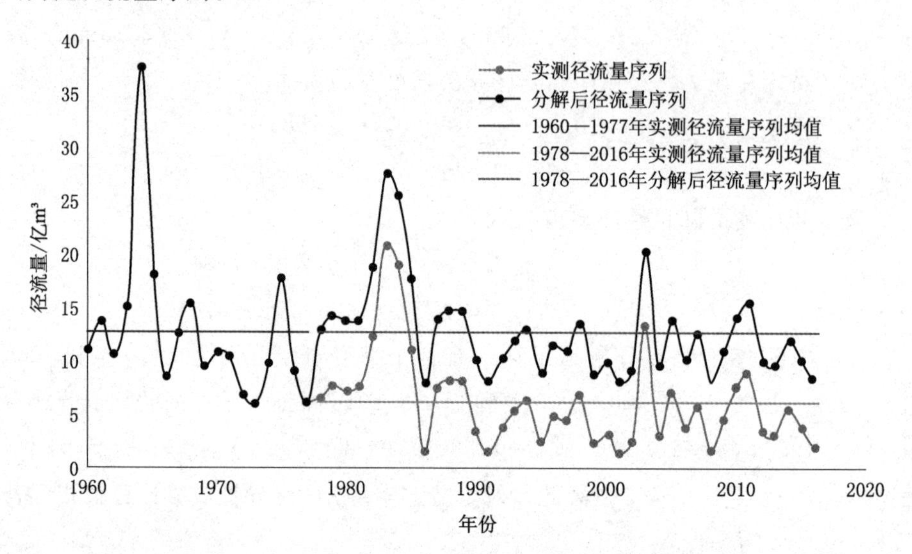

图 4.1　长水水文站变异性成分分解前后的径流量时间序列

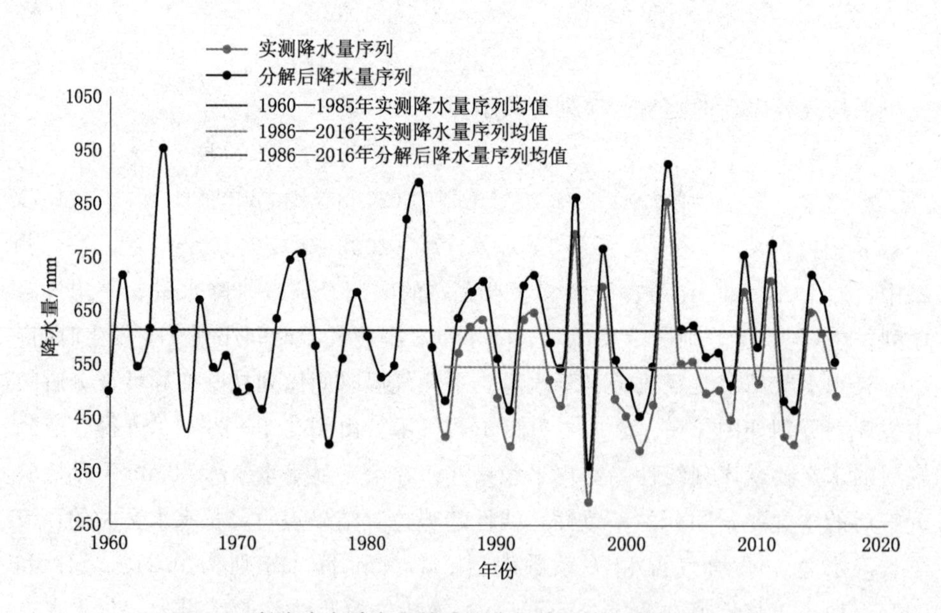

图 4.2　长水水文站变异性成分分解前后的降水量时间序列

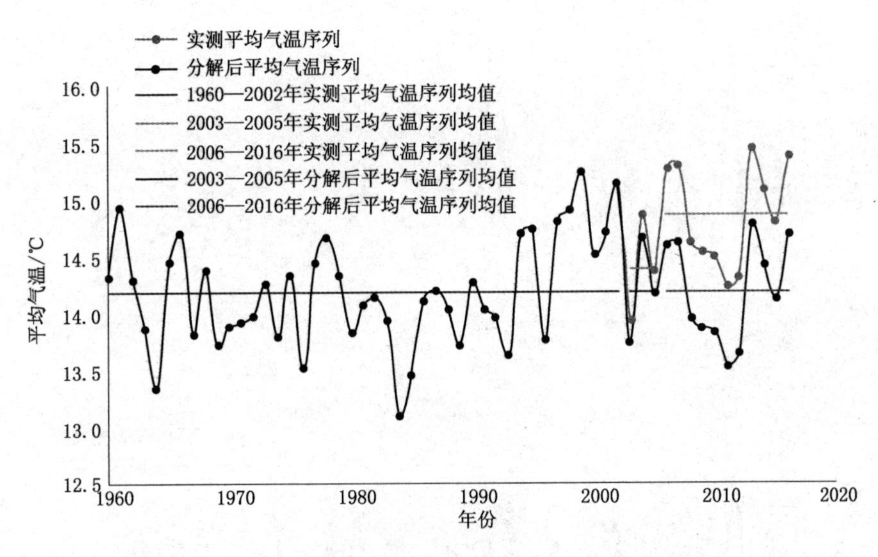

图 4.3 长水水文站变异性成分分解前后的平均气温时间序列

4.3.2 水文要素序列的合成

基于变异性成分的非一致性流量序列的分解过程，本质上来讲就是流量序列的还原还现过程。但是此种分解方法只能反映过去的天然环境下的流量序列，或者环境变化影响下的现状流量序列，对过去、现在、未来时期预测环境变化的影响却并不适用。本小节内容针对跳跃性分别对长水水文站径流量、降水量、平均气温序列进行合成。

对于径流量序列，以序列变异点为现状年，对长水水文站的径流量序列变异后合成，由变异诊断结果可知，径流量序列以 1977 年为现状年，径流量序列的变异性成分 $Y_{1977_1}=-6.5$；降水量序列以 1985 年为现状年，降水量序列的变异性成分 $Y_{1985_2}=-68.23$；平均气温序列以 2002 年和 2005 年为现状年，平均气温的变异性成分 $Y_{2002_3}=0.2$，$Y_{2005_3}=0.47$。因变异性成分为固定值，因此以还原条件下的水文要素序列与变异性成分叠加合成后的水文要素序列样本仍为随机序列。合成后的水文要素序列如图 4.4 所示。

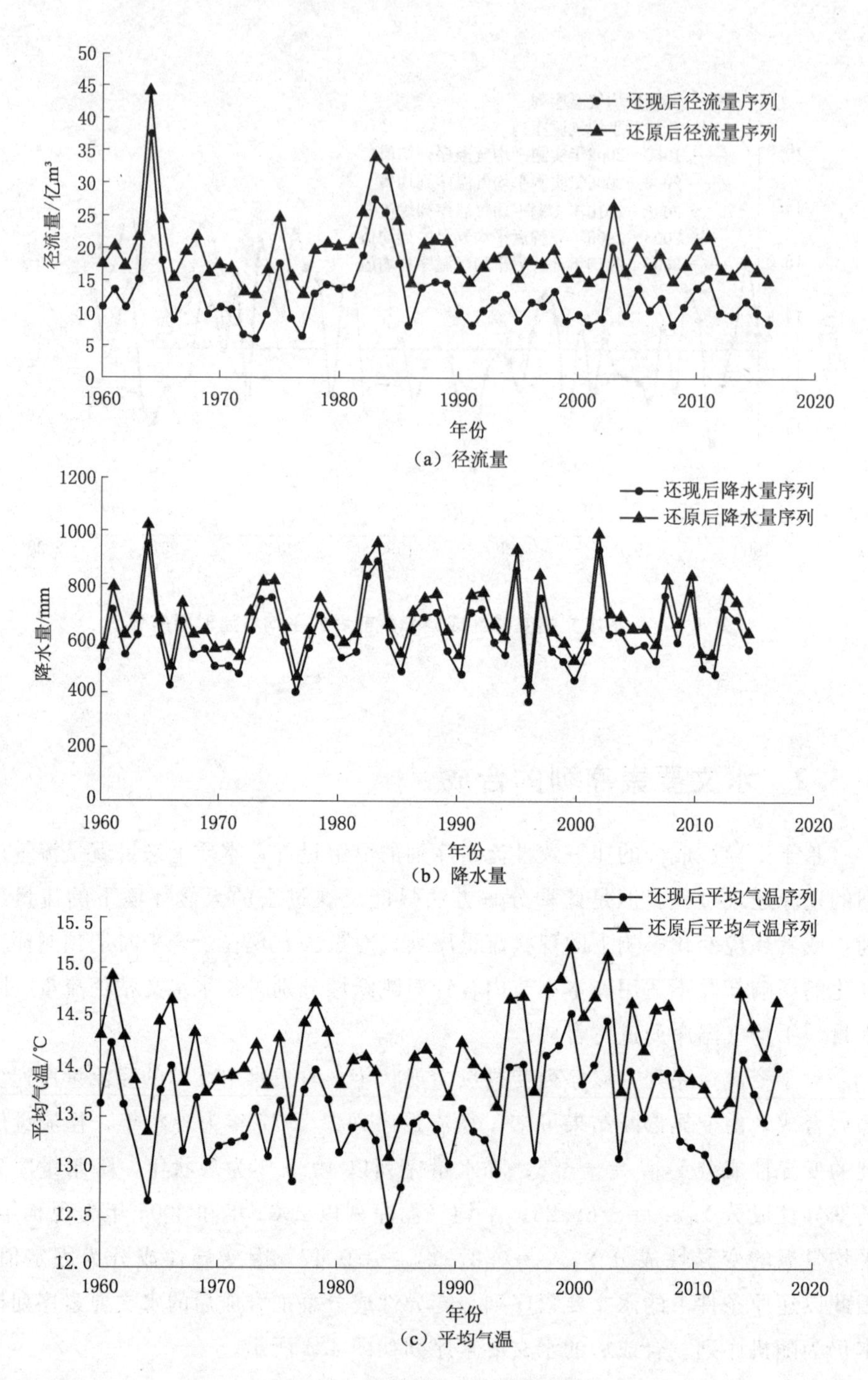

(a) 径流量

(b) 降水量

(c) 平均气温

图 4.4　合成后的水文要素序列

由图 4.4 可知，长水水文站的径流量序列和降水量序列经合成后，还现条件下的径流量序列和降水量序列均小于还原条件下的径流量序列和降水量序列，平均气温序列恰恰相反，还现条件下的气温序列较还原条件下的气温序列偏大。与变异诊断结果一致，径流量序列和降水量序列在气候变化和人类活动的综合影响下呈下降趋势，气温逐渐升高，呈上升趋势。因此还现后的水文要素序列也相应地呈现偏小与偏大趋势。

4.4 本章小结

本章使用分解合成的方法对非一致性水文要素序列进行了修正，使水文要素序列满足一致性要求。分别对径流量序列、降水量序列和平均气温序列以变异性成分进行了分解，对分解后的水文要素序列进行以现状条件水文要素序列的还现，并对还现后的水文要素序列进行了趋势性分析，检验了其一致性。结果表明，基于变异性成分还现后的径流量序列小于还原后的流量序列，基于变异性成分还现后的降水量序列小于还原后的降水量序列，基于变异性成分还现后的平均气温序列大于还原后的平均气温序列。这一大小关系与其自身的趋势性呈正相关关系。

第5章 非一致水文干旱评估方法

5.1 概述

水文干旱是一种河川径流量低于其正常值、地下水位降低、降雨减少和蒸散发增大等渐变的现象，正常值的选择可以依据流量、降水和蒸散发的特征变化来确定。水文干旱的发生不仅受气候、下垫面的改变、降水、蒸发、径流、人类活动等因素的共同影响，而且与社会各部门（如农业、工业、水力发电、景观用水等）的经济发展对水文现状的干扰有关。影响水文干旱的影响因素众多，涉及的范围广，因此，对于我国干旱频发的流域，进行水文干旱研究具有重要意义。

水文干旱的识别与评估通常以干旱指数的形式表示。基于不同的物理形成机制，用以评估干旱的指标往往不同。其中，常见的有降水 Z 指数、降水距平百分率、标准化降水指数（standardized precipitation index，SPI）、标准化流量指数（standardized flow index，SFI）、标准化蒸散发指数（standardised precipitation - evapotranspiration index，SPEI）、帕尔默干旱强度指数 PDSI 等多种干旱指数。本书在基于 SPI 的基础上，使用 1960—2016 年间，57 年的径流量序列构建 SFI，降水量、平均气温序列构建 SPEI，定量地描述了不同时期洛河流域的干旱情况。用游程理论识别不同分布下的流域干旱程度，与历史时期干旱进行对比，选出最为适合的理论分布线型。

5.2 标准化流量指数构建

在众多干旱指数中，标准化流量指数 SFI 是基于标准化算法构建的。与标准化降水指数类似，具有计算简单、识别度高、时空可比性等特点，可以定量地描述不同时段内流量缺乏程度下的干旱状况。SFI 的计算思路可归纳为：针对不同月份的平均流量序列，选取合适的频率分布函数[121]对流量序列进行拟合，估计分布参数，通过流量计算出对应的函数概率值，再进行标准正态化处理，即可得到该流量序列所对应的 SFI 值。具体计算步骤如下。

假定流域月平均流量服从伽马分布，其概率密度函数为

$$g(x) = \frac{\beta^{\alpha}}{\Gamma(\alpha)} x^{\alpha-1} e^{-\beta/x}, x > 0 \tag{5.1}$$

其中：

$$\Gamma(\alpha) = \int_0^{\infty} x^{\alpha-1} e^{-x}, \quad (\alpha > 0, \beta > 0) \tag{5.2}$$

式中：α 为形状参数；β 为尺度参数。

α 和 β 采用极大似然估计法求得最佳估计值

$$\hat{a} = \frac{1}{4A}\left(1 + \sqrt{1 + \frac{4A}{3}}\right) \tag{5.3}$$

$$\hat{\beta} = \frac{\bar{x}}{\hat{a}} \tag{5.4}$$

$$A = \ln(\bar{x}) - \frac{\sum \ln(x_i)}{n} \tag{5.5}$$

式中：x_i 为流量序列样本；$\bar{x}$ 为流量序列均值；n 为样本序列长度。

对概率密度函数进行积分，可得到累积分布函数

$$G(x) = \int_0^x g(x) dx = \frac{1}{\hat{\beta} \Gamma(\hat{a})} \int_0^x x^{\hat{a}-1} e^{-\hat{\beta}/x} dx, x > 0 \tag{5.6}$$

考虑实际天然河道流量可能出现 0 值，而伽马分布要求 $x>0$，故假设 m 为径流量为 0 出现的次数，则流量为 0 的概率 $q=m/n$。实际的累积分布函数表示为

$$H(x) = q + (1-q)G(x) \tag{5.7}$$

使用 Abranowitz[122] 提出的近似算法对累积分布函数 $H(x)$ 进行标准正态化转换，进而得到相应的值：

当 $0<H(x)\leqslant 0.5$ 时，令 $t=\sqrt{\ln\left[\frac{1}{(H(x))^2}\right]}$，则

$$SFI=-\left(t-\frac{c_0+c_1t+c_2t^2}{1+d_1t+d_2t^2+d_3t^3}\right) \tag{5.8}$$

当 $0.5<H(x)<1$ 时，令 $t=\sqrt{\ln\left[\frac{1}{(1-H(x))^2}\right]}$，则

$$SFI=t-\frac{c_0+c_1t+c_2t^2}{1+d_1t+d_2t^2+d_3t^3} \tag{5.9}$$

式中：$c_0=2.515517$；$c_1=0.802853$；$c_2=0.010328$；$d_1=1.432788$；$d_2=0.189269$；$d_3=0.001308$。

标准化流量指数与标准化降水指数的计算方法类似，干旱等级分类标准也等同。采用《气象干旱等级》(GB/T 20481—2006) 分级标准，将计算出来的 SFI 进行干旱等级划分，见表 5.1。

表 5.1　　SFI 干旱等级划分标准

干旱等级	干旱类型	SFI
1	无旱	$-0.5<SFI$
2	轻旱	$-1.0<SFI\leqslant -0.5$
3	中旱	$-1.5<SFI\leqslant -1.0$
4	重旱	$-2.0<SFI\leqslant -1.5$
5	特旱	$SFI\leqslant -2.0$

5.3　理论分布线型优选

选取合适的概率分布线型是 SFI 计算的重要组成部分。SFI 与 SPEI 的计算方法同 SPI 相似，Vicente - Serrano et al.[123] 检验了常见的对数分布、两参数伽马分布、广义极值分布等分布函数对 SPI 的影响。邵进等[124] 运用新的思路推导出 SRI，用 P-Ⅲ 型分布分析了监利和肯斯瓦特地区的旱涝变化规律。因此，在对研究区流量序列进行拟合的时候，应选用不同的分布类型进行对比

分析，选出合适的拟合分布函数。本书中选取常用的伽马分布，对数正态分布，正态分布 3 种分布函数进行比较，各分布的概率密度函数表示如下。

（1）伽马分布：

$$g(x)=\frac{\beta^{\alpha}}{\Gamma(\alpha)}x^{\alpha-1}e^{-\beta/x}, x>0 \tag{5.10}$$

其中

$$\Gamma(\alpha)=\int_0^{\infty}x^{\alpha-1}e^{-x} \tag{5.11}$$

式中：α 为形状参数，$\alpha>0$；β 为尺度参数，$\beta>0$。

（2）对数正态分布：

$$f(x)=\frac{1}{x\sigma\sqrt{2\pi}}e^{-\frac{(\ln x-\mu)^2}{2\sigma^2}}, x>0 \tag{5.12}$$

式中：μ 为位置参数，$\mu\in R$；σ 为尺度参数，$\sigma>0$。

（3）正态分布：

$$f(x)=\frac{1}{\sqrt{2\sigma^2\pi}}e^{-\frac{(x-\mu)^2}{2\sigma^2}}, -\infty<x<\infty \tag{5.13}$$

式中：μ 为位置参数，$\mu\in R$；σ 为尺度参数，$\sigma>0$。

5.4　干旱事件识别

游程理论被广泛应用于水文干旱事件的识别。该理论认为水分供给不能满足水分需求的时候即为一次干旱事件。水分的需求量可用阈值水平来确定。因此，定义一次干旱事件为标准化流量指数 SFI 与标准化蒸散发指数 SPEI 低于阈值水平部分。为了消除小干旱事件的影响，使用三阈值干旱识别方法对 SFI 与 SPEI 时间序列进行截取，即预先设定 3 个阈值，$X_1>X_0>X_2$，提取与干旱时间相关的干旱历时和干旱烈度等特征变量。首先，以 X_0 为阈值截取时间序列 X（图 5.1），得到 4 个负游程 a、b、c、d。然后，对于中间有间隔的两个负游程干旱事件 b 和 c，若间隔时间上的干旱指数小于阈值 X_1，则 b 和 c 两个负游程合并为一个持续时间更长的负游程，看作一次干旱事件；若间隔时间干旱指数大于 X_1，则保留事件 b 和 c，作为两个单独的干旱事件。对于持续时间短的负游程 a 和 d，若干旱指数小于 X_2，则保留负游程识别为一次干旱事件，

如 a；否则，将其从负游程中剔除，忽略此次干旱事件。

三阈值游程理论干旱识别方法有效地解决了小干旱事件对长历时干旱过程的识别的影响，考虑了一次干旱事件过程中，有可能出现的暂时性干旱缓解的过程。其次，对于短时间的干旱持续过程，通过干旱指数与阈值的比较，合理地判断是否将其作为一次干旱事件，在一定程度上消除了小干旱事件的影响，提高了干旱识别精度。

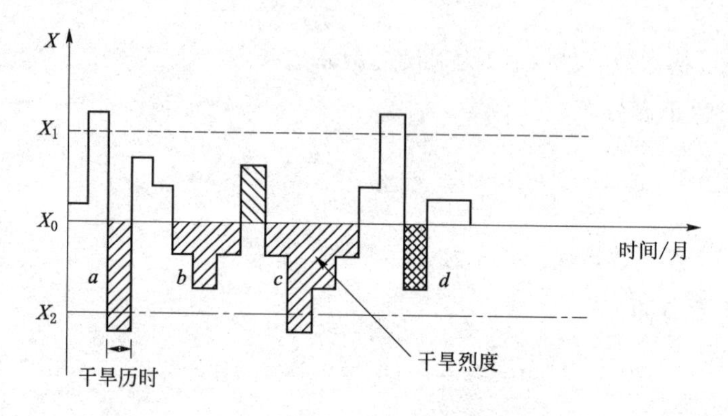

图 5.1　三阈值游程分析干旱识别示意图

5.5　合理性验证

以洛河流域为研究区域，根据长水水文站在 1956—2016 年 61 年间的逐月实测天然流量序列，计算干旱指数 SFI，依照 5.3 节中的 3 种理论分布线型，对流量序列进行拟合，求出待估参数，对分布函数标准正态化，最终得到标准化流量指数和标准化蒸散发指数时间序列，计算结果如图 5.2 所示。

根据本节提到的三阈值游程理论选定阈值水平，$X_1=-0.5$，$X_0=-1$，$X_2=-1.5$，由于水文干旱响应时间较长，为更灵敏地识别水文干旱特征，取值干旱历时 6 个月，使用滑动平均法计算 SFI，以表述当年干旱情况。分别作基于序列服从伽马分布、对数正态分布和正态分布下干旱指数干旱事件游程分析识别图，如图 5.3 所示。

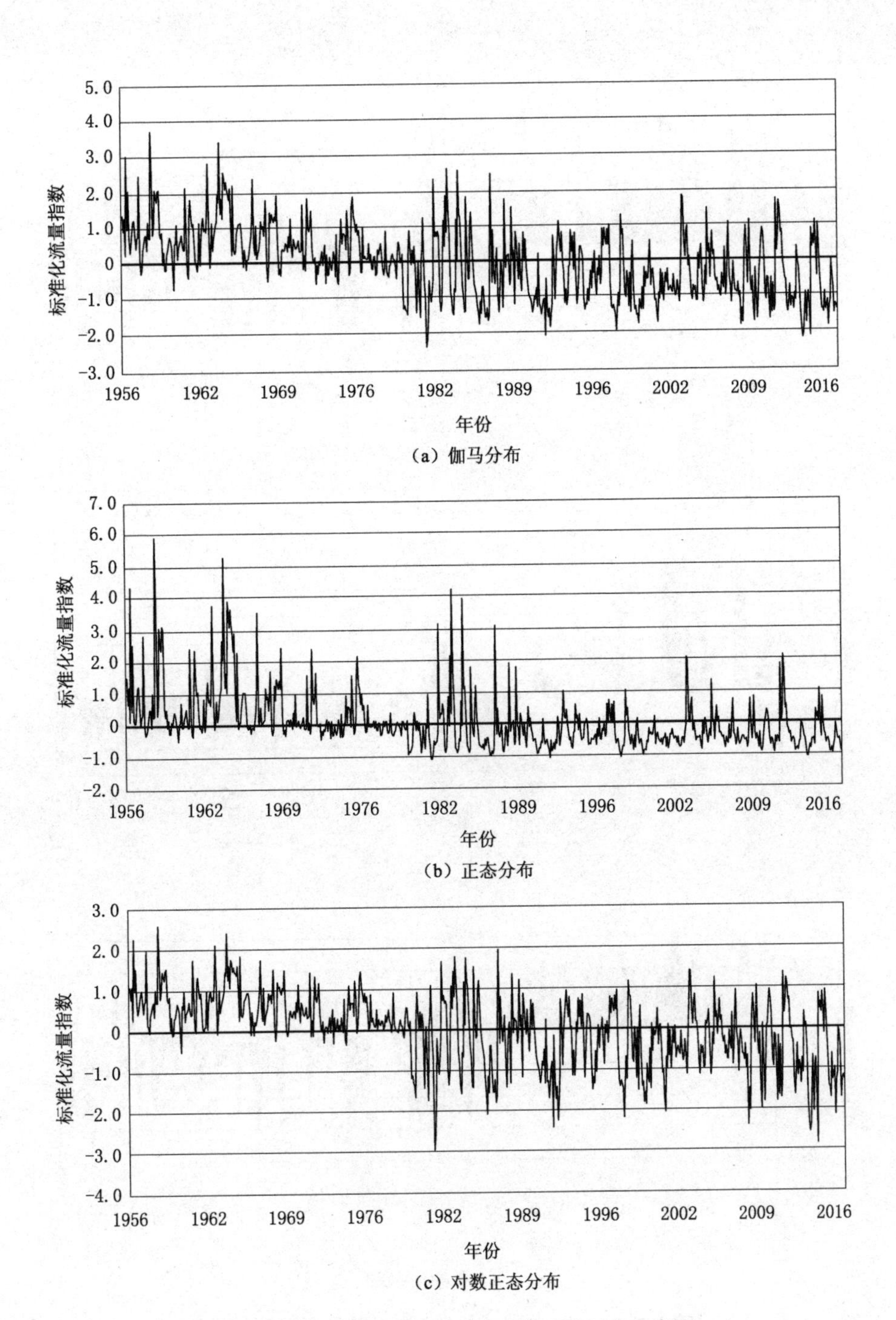

(a) 伽马分布

(b) 正态分布

(c) 对数正态分布

图 5.2　长水水文站不同分布函数 SFI 时序分布图

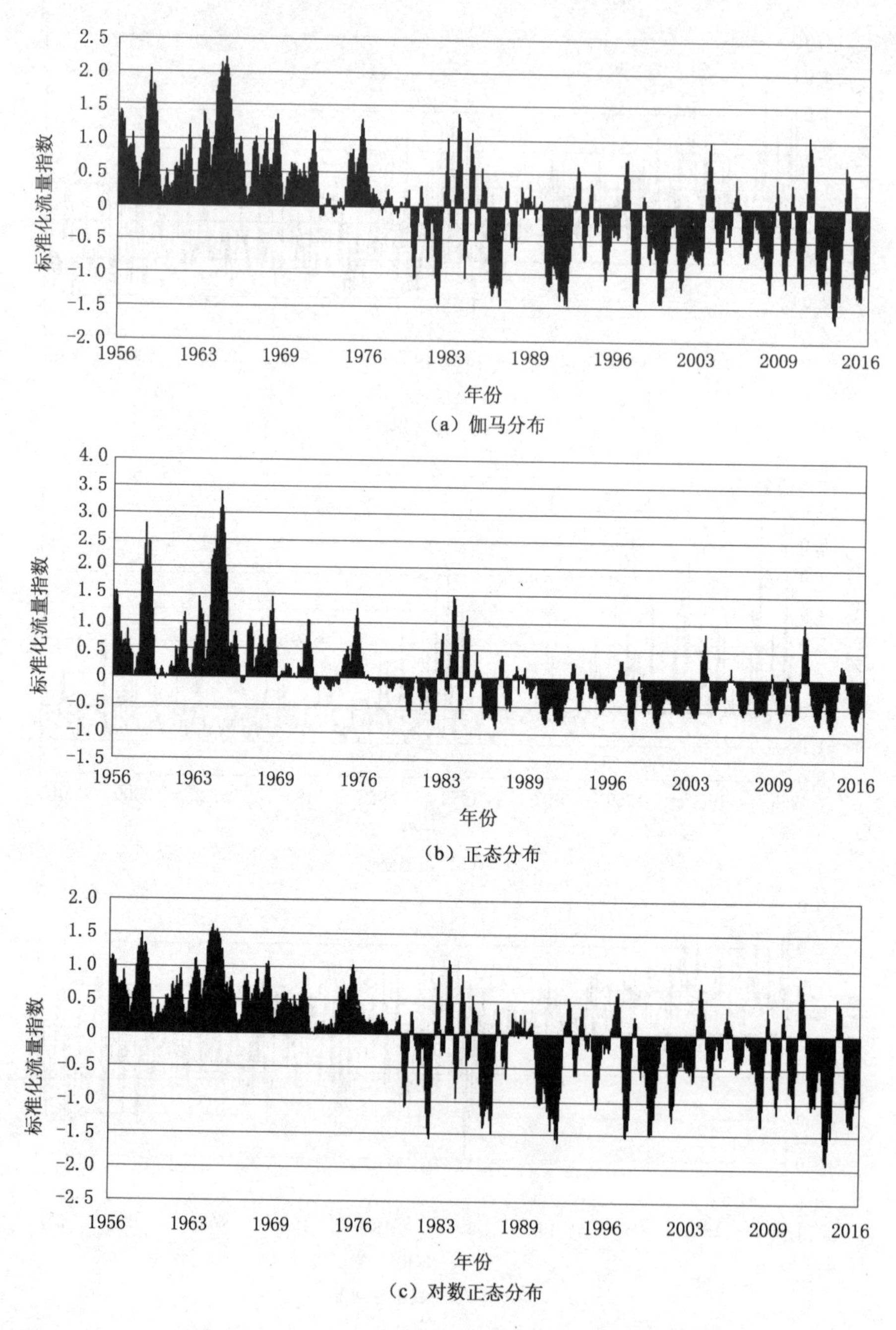

图 5.3　长水水文站水文干旱事件游程分析识别图

对比不同概率分布下长水水文站 SFI 时序分布图（图 5.2），结果显示：长水站的 SFI 时序分布图中，伽马分布和对数正态分布在 SFI 计算结果上与正态分布相比较，呈现较好的一致性，对比分析 3 种分布函数计算出来的 SFI 时序分布图，发现基于正态分布计算的 SFI 值存在汛期高估、非汛期低估现象。

使用三阈值游程分析识别洛宁县 SFI 的干旱事件，根据 1978—2009 年河南省干旱成灾、受灾面积资料（《河南统计年鉴》）的记载，河南省近 59 年干旱事件主要集中在以下几个时段：1959—1960 年虽然有大旱，但主要矛盾还是洪涝灾害，旱灾尚不突出；1961—1966 年，旱与涝交替发生，可能与这一时期河道防洪、排洪能力逐步提高有一定的关系；到了 20 世纪 80 年代，该时期出现了 5 年的大旱，主要发生在 1982 年和 1985—1988 年。此次研究结果显示，基于伽马分布和对数正态分布基本都识别出历史干旱事件。例如 1982 年大旱，伽马分布拟合的干旱指数为－2.38，对数正态分布拟合的干旱指数为－2.96。同样的，以 2014 年发生的河南省 63 年以来最为严重的“夏旱”为例，伽马分布拟合干旱指数结果为－2.13，对数正态分布拟合干旱指数结果为－2.86。虽然两者计算结果都被划分为特旱等级，相比较而言，对数正态分布拟合结果较伽马分布拟合结果更为显著。

综上所述，伽马分布和对数正态分布在流量序列拟合以及干旱事件识别上都呈现较好的一致性，而伽马分布拟合的流量序列评估干旱指数存在汛期高估、非汛期低估的现象，对干旱事件的识别也产生一定的影响，与另外两种分布线型拟合的干旱事件有所偏差，不能如实地反映当地的实际干旱情况。而对数正态分布识别干旱事件的灵敏度又较伽马分布更高。因此本书使用对数正态分布拟合流量序列进行下一步研究。

5.6　本章小结

本章针对研究区域提出适宜的干旱评估指数 SFI，并介绍干旱指数的计算过程。以 3 种不同的概率分布函数对流量序列进行拟合，计算 SFI 并对干旱事件使用三阈值游程理论进行干旱识别，通过对比分析，选出最为合适的频率分布线型。主要结论可以概括为：对流量序列以伽马分布和对数正态分布拟合，计算 SFI，其结果基本趋于一致，用正态分布拟合的计算结果较实际情况有所偏差，不能如实反映实际情况。以游程理论进行干旱事件识别，对数正态分布表现出灵敏度高的特点，伽马分布虽然也能识别历史干旱事件，但在干旱烈度以及干旱历时两个方面，与伽马分布识别结果呈现偏小差异。因此，在下一步的研究中，干旱指数的计算序列的概率分布线型选取对数正态分布。

第6章 基于 Bootstrap 方法的水文干旱不确定性分析

洛河是洛宁县境内最大的河流，发源于伏牛山北麓的洛宁县，经故县乡流入洛宁境内，再经故县、上戈、罗岭、下峪、底张、长水、马店、西山底、陈吴、涧口、赵村 11 个乡镇至千秋流入宜阳县境，而后流入洛阳市境内，最终汇入黄河。洛宁境内河流众多，水资源丰富，洛河流经洛宁 68km，境内落差 229m，洛河两岸较大的涧河 28 条，年过境水量为 12.53 亿 m^3。因受季风环流的影响，降水随季节的变化差异很大，冬季降水量占全年的 11%，夏季降水量占全年 55.7%，多年平均降水量约为 530mm，由洛宁北向洛宁南递增，年平均蒸发量为 1597.5mm。境内暴雨的降雨量一般在 100mm 左右，夏季受东南暖湿气流的影响，暴雨经常出现在 5—10 月，较大暴雨多出现在 7 月中下旬至 8 月上中旬，区域内的洪水由暴雨形式产生，具有陡涨陡落、洪峰高、历时短等特点。因此，该地区干旱与洪涝交替的特征显著。

在一致性条件下，水文干旱的评估主要受样本系列的代表性、序列分布线型的拟合以及分布参数的估计的影响。相反，在变化环境条件下，水文干旱评估增添了许多不确定性因素，如样本容量的影响、干旱指数本身的问题以及流量序列的不确定性等。

以样本容量的影响，Wu et al.[125] 利用不同的样本长度计算 SPI，分别讨论了序列长度和分布参数对 SPI 干旱事件识别的影响。王文川等[126] 提出了基于 Bootstrap 抽样的 SFI 计算方法，分析了分布线型、抽样方法以及样本容量对水文干旱的不确定性影响。

本章以 Bootstrap 抽样方法为核心，以 Bootstrap 抽取样本计算 SFI，从样本容量、分布线型参数估计以及抽样方法 3 个方面研究影响水文干旱的不确定性。并采用 5%置信水平下的置信区间量化水文干旱评估的不确定性。

6.1 Bootstrap 方法

Bootstrap 方法是一种增广样本的统计推断方法，最早由美国斯坦福大学 Efron 教授[127]提出。经过几十年的发展，这种统计推断方法已被应用到各个领域[128-130]，以 Bootstrap 为主题的研究及应用成果不计其数[131-132]。Bootstrap 方法的基本原理可简单描述如下：

假设给定的观察样本是总体，总体的分布是未知的。在总体中随机有放回地抽取样本，由此得到的新样本称为自助样本。通过对总体的重复采样，对每一个自助样本计算均值、方差等参数的估计值，根据相应估计参数的分布直方图，就可得到由 Bootstrap 方法估计参数的经验分布，一般假设为正态分布[133]。利用这些信息估计总体的分布参数，从而获得观察样本的分布函数统计参数，并计算出相应的均值、方差等估计参数。

Bootstrap 的优点在于仅基于观测样本进行再抽样，不需要对总体分布进行假设。借助 Bootstrap 抽样，可以定量估算由于数据长度限制可能引起的分布参数估计的不确定性。

基于 Bootstrap 抽样的标准化流量指数（SFI）具体计算步骤如下[134]。

（1）假设 1 月的历年流量序列为 $Q_{\mathrm{i}}=\{q_1, q_2, q_3, \cdots, q_{\mathrm{n}}\}$，$i=1, 2, 3, \cdots, n$。采用 Bootstrap 抽取相同容量的样本 N 次，获得再生样本 $Q_{\mathrm{i}}^*=\{q_{1\mathrm{j}}^*, q_{2\mathrm{j}}^*, q_{3\mathrm{j}}^*, \cdots, q_{\mathrm{ij}}^*\}$，$j=1, 2, 3, \cdots, N$。本次研究取 $n=65, N=1000$。

（2）对每一个再生样本 q_{ij}^* 计算均值，分别用 $\{\overline{q_{1j}^*}, \overline{q_{2j}^*}, \overline{q_{3j}^*}, \cdots, \overline{q_{nj}^*}\}$ 表示。采用矩估计法估计再生样本 Q_{i}^* 的均值和方差。

（3）重复步骤（1）、（2），分别计算 2—12 月流量序列的再生样本 Q_m^* 的均值和方差，$m=2, 3, \cdots, 12$。

（4）给定某年月平均流量 Q_m，$m=1, 2, \cdots, 12$。假设服从对数正态分布，由 Bootstrap 再生样本 Q_m^* 得到的均值、方差分别计算服从对数正态分布的抽样序列均值和样本方差。计算累积概率分布函数 F。

（5）将分布函数 F 标准正态化，得到某年的 SFI。具体计算步骤为[123-124]：

若 $0<F(x)\leqslant 0.5$，令 $k=\sqrt{\ln\left[\frac{1}{F(x)^2}\right]}$，则

$$\mathrm{SFI}=-\left(k-\frac{c_0+c_1k+c_2k^2}{1+d_1k+d_2k^2+d_3k^3}\right) \tag{6.1}$$

若 $0.5<F(x)<1$，令 $k=\sqrt{\ln\left[\frac{1}{[1-F(x)]^2}\right]}$，则

$$\mathrm{SFI}=k-\frac{c_0+c_1k+c_2k^2}{1+d_1k+d_2k^2+d_3k^3} \tag{6.2}$$

式中：$c_0=2.515517$；$c_1=0.802853$；$c_2=0.010328$；$d_1=1.432788$；$d_2=0.189269$；$d_3=0.001308$。

此外，本书分别采用标准 Bootstrap、百分位数 Bootstrap、t 百分位数 Bootstrap 3 种抽样方法进行比较分析，其核心思想都是通过对样本重复随机抽样获得再生样本，分别求得标准正态分布下、百分位数下、t 百分位数下再生样本均值的置信区间。以期在假设流量序列服从伽马分布下，利用 Bootstrap 方法估计形状参数 α 和尺度参数 β，以更好地控制分布线型形状，提高标准化流量指数的计算精度。具体步骤可参考《基于 Bootstrap 方法的多品种小批量生产的质量控制研究》[135]。

6.2 估计参数不确定性分析

选取洛河流域长水水文站 61 年（1956—2016 年）的实测逐月流量资料为样本。计算逐月的流量系列的分布参数，对每一个月流量系列抽取 $N=1000$ 个 Bootstrap 样本，对每一个 Bootstrap 再生样本，分别取样本容量 $n=50$、60、70。分别采用标准 Bootstrap 方法、百分位数 Bootstrap 方法、t 百分位数 Bootstrap 方法估算流量期望值 5% 置信水平下的置信区间[136]，区间宽度越大，抽样不确定性也越大[137]。计算结果见表 6.1。

表 6.1　　长水水文站逐月流量期望值 Bootstrap 区间估计

月份	样本容量 n	估计值/(万 m^3)	标准 Bootstrap 置信区间	区间宽度	估计值/(万 m^3)	百分位数 Bootstrap 置信区间	区间宽度	估计值/(m^3/s)	t 百分位数 Bootstrap 置信区间	区间宽度
1 月	50	2808	[1439, 7065]	5626	2759	[2233, 3460]	1227	2894	[2214, 3469]	1255
	60	2784	[1468, 7036]	5568	2798	[2200, 3478]	1278	2768	[2162, 3490]	1328
	70	2821	[1478, 7007]	5533	2816	[2231, 3367]	1136	2855	[2320, 3512]	1192
2 月	50	2122	[1525, 5770]	4245	2183	[1543, 2638]	1095	2166	[1656, 2834]	1178
	60	2126	[1554, 5805]	4251	2150	[1652, 2720]	1048	2172	[1614, 2712]	1098
	70	2137	[1547, 5711]	4164	2166	[1670, 2607]	937	2149	[1698, 2684]	986
3 月	50	3196	[2085, 8478]	6393	3183	[2393, 4029]	1636	3197	[2477, 4212]	1735
	60	3194	[2086, 8474]	6388	3204	[2504, 3961]	1457	3246	[2526, 3975]	1449
	70	3215	[2163, 8493]	6330	3156	[2597, 3852]	1255	3201	[2607, 3892]	1284
4 月	50	4948	[4316, 14212]	9896	4896	[3565, 6598]	3033	4877	[3669, 6776]	3106
	60	4985	[4355, 14325]	9970	4953	[3687, 6395]	2708	4923	[3782, 6747]	2965
	70	4929	[4383, 14140]	9757	4880	[3853, 6095]	2243	4918	[3980, 6262]	2282
5 月	50	8756	[7923, 21436]	13513	8800	[4853, 9352]	4499	8964	[4991, 10627]	5636
	60	8825	[8073, 21723]	13650	8796	[4978, 9274]	4296	8922	[5161, 10429]	5268
	70	8853	[8170, 20779]	12609	8768	[5066, 9020]	3954	8780	[5361, 10189]	4828
6 月	50	6199	[4964, 17363]	12399	6200	[4515, 7936]	3420	6251	[4863, 8967]	4104
	60	6171	[5071, 17413]	12342	6183	[4763, 8038]	3275	6156	[4688, 8300]	3612
	70	6208	[5186, 17202]	12016	6150	[4859, 7746]	2887	6193	[4958, 8144]	3186
7 月	50	20051	[15584, 55687]	40097	16584	[9478, 22734]	13256	15763	[10478, 27087]	16609
	60	14835	[14383, 54059]	39676	15947	[10094, 20960]	10866	16124	[10885, 25267]	14382
	70	15005	[14645, 54065]	39420	14009	[10513, 21723]	11210	17964	[10677, 21713]	11036
8 月	50	12515	[10982, 40012]	29030	12304	[8383, 17234]	8851	12497	[8915, 19530]	10615
	60	12400	[11713, 39514]	27801	12356	[8796, 16627]	7831	12586	[9000, 18233]	9233
	70	12570	[12096, 39047]	26951	12510	[9359, 16293]	6934	12396	[9602, 17142]	7540
9 月	50	14671	[14315, 53657]	39342	14978	[9073, 21344]	12271	15029	[9516, 24789]	15273
	60	15205	[14778, 52188]	37400	15126	[10027, 21414]	11387	15684	[10771, 23327]	12556
	70	14974	[14879, 50827]	35948	15143	[10020, 20190]	10169	14934	[10752, 22513]	11760
10 月	50	11475	[10599, 43550]	32951	11308	[7067, 17064]	9997	11368	[7525, 18920]	11395
	60	11297	[12217, 42810]	30593	11356	[70727, 16151]	9124	11406	[7398, 17965]	10567
	70	11364	[12482, 41209]	28727	11384	[7339, 15193]	7854	11421	[8321, 17557]	9263

续表

月份	样本容量 n	估计值/(万 m^3)	标准 Bootstrap 置信区间	区间宽度	估计值/(万 m^3)	百分位数 Bootstrap 置信区间	区间宽度	估计值/(m^3/s)	t 百分位数 Bootstrap 置信区间	区间宽度
11 月	50	5704	[5609, 17018]	11409	5664	[3981, 7441]	3460	5719	[4509, 7196]	2687
	60	5651	[5590, 16892]	11302	5700	[4175, 7159]	2984	5703	[4397, 7642]	3244
	70	5694	[5630, 16817]	11187	5729	[4202, 7122]	2921	5684	[4486, 7748]	3262
12 月	50	3623	[2024, 9271]	7247	3652	[2750, 4605]	1855	3594	[2819, 4766]	1946
	60	3642	[1926, 9208]	7282	3619	[2868, 4491]	1623	3657	[2928, 4569]	1641
	70	3647	[2003, 9108]	7105	3628	[2993, 4347]	1354	3706	[3047, 4397]	1350

比较分析 3 种方法计算出来的区间宽度，多数情况下在样本容量 n 相同时，利用百分位数 Bootstrap 方法计算结果区间宽度最小，精度最高；标准 Bootstrap 方法计算出来的区间宽度最大，表明其抽样的不确定性大。对同一个月流量系列，样本容量增大，区间宽度呈减小趋势。同一抽样方法，区间宽度随流量序列的变化而变化。汛期流量较大，由此计算出的置信区间宽度也更大，因此对汛期流量序列的参数估计可能存在误差较大。综上所述，利用百分位数 Bootstrap 方法进行抽样分析，其计算结果较其他两种方法更好一些，抽样不确定性更小一些，由此方法估计均值、方差等参数的准确度更高。而在抽样方法相同的时候，样本容量 n 越大，置信区间越精确，区间宽度越小，抽样的不确定性也就越小。因此，本次研究推荐使用百分位数 Bootstrap 方法估计样本的均值、方差，样本容量选取与序列长度相同，即长水水文站样本容量 n 确定为 60。假设样本流量序列服从对数正态分布，因为分布函数的均值和方差均是由 Bootstrap 抽样结果推求的，因此，可以用 Bootstrap 估计出的样本均值和方差作为对数正态分布的待估参数均值和方差。由此计算标准化流量指数，可以减小抽样方法对计算标准化流量指数的不确定性。

6.3 基于样本抽样的水文干旱不确定性分析

标准化流量指数（SFI）是基于标准化算法构建的，其计算原理类似于标准化降水指数（SPI），干旱等级分类标准也同于 SPI。采用《气象干旱等级》(GB/T 20481—2006）分级标准。假定长水水文站的实测流量服从伽马分布，采用百分位数 Bootstrap 方法抽取再生样本 Q_m^* 得到的均值、方差分别计算服从对数正态分布的均值和方差。计算累积概率分布函数 F。对其累积概率分布函数标准正态化得到

SFI。根据气象干旱等级标准进行干旱等级划分，分析洛河流域的水文干旱情况。

对长水水文站 61 年流量资料进行 SFI 计算，划分干旱等级。计算结果如图 6.1 所示。长水水文站自 1956 年建站以来到 2016 年，所在区域的水文干旱多发生在 1980 年之后，且多发生于非汛期。由图 6.1 可知，干旱指数的不确定性范围的大小与月径流量密切相关，月径流量越大，不确定性范围越大，不确定性范围小的地方月径流量也越小。SFI 不能完全地表示出控制区域的干旱程度。这一方面与研究区域的天然河道径流量不确定性有一定关系，即同一月份不同年份的月径流量可能相差很大。另一方面，对数正态分布线型也会对标准化流量指数的计算结果有一定的影响，均值和方差的估计值间接影响着干旱等级的评定。

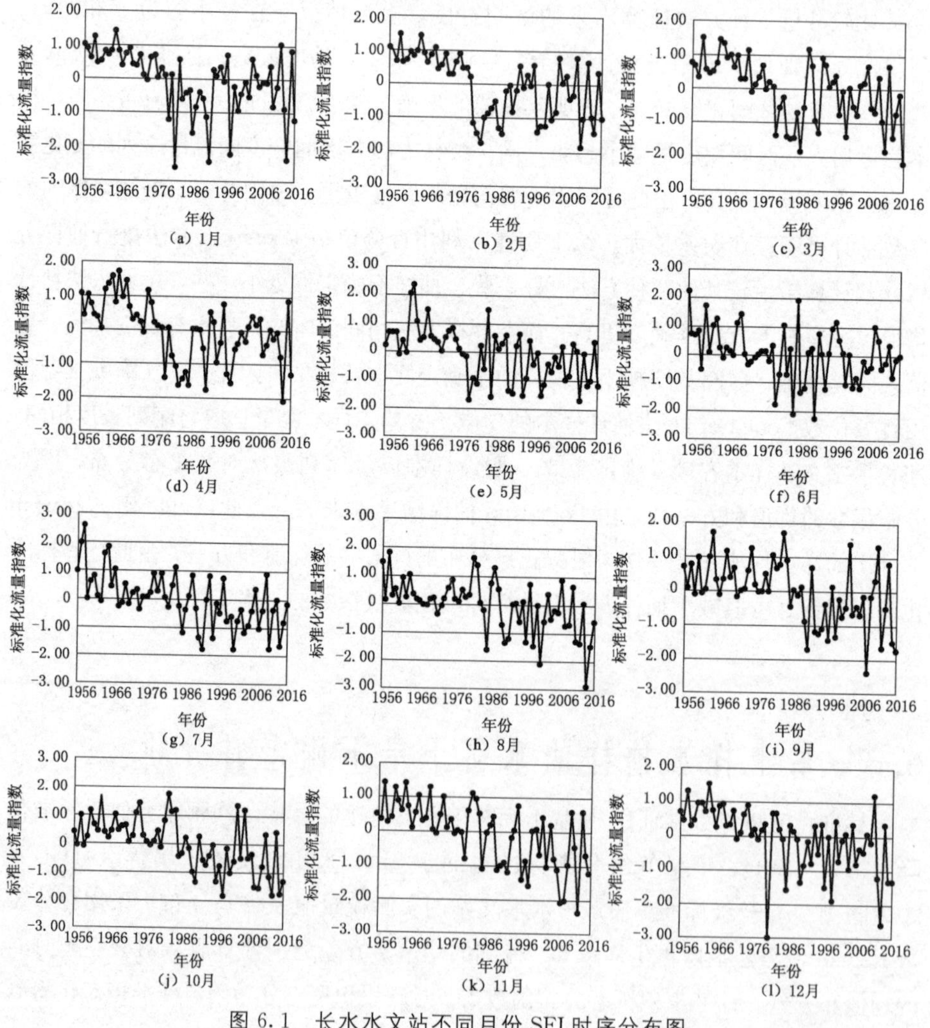

图 6.1　长水水文站不同月份 SFI 时序分布图

6.4 本章小结

本章通过 Bootstrap 方法，以有限的样本通过有放回的抽样，定量计算由数据长度的限制引起的抽样不确定性，发现数据长度越长，抽样不确定性越小，对水文干旱评估的不确定性影响也越小。以标准 Bootstrap、百分位数 Bootstrap、t 百分位数 Bootstrap 方法估计流量期望值的置信区间，定量评价了抽样方法对水文干旱评估的不确定性。区间宽度越窄，对 SFI 的估计越趋于精确，干旱评估的不确定性也就越小。

由于影响水文干旱的因素众多，本次研究只考虑流量因素，气候和人类活动等因素都未考虑在内，对于干旱评估比较单一。序列的非平稳性以及不同时间尺度的滑动月平均流量累积序列都有可能影响 SFI 的不确定性，这些问题都有待做进一步的研究。

第7章 预报因子的选取

在建立中长期水文预报模型前，需选取合适的预报因子，这是进行有效预报研究的关键。预报因子选取的好坏，直接影响着预报结果的精度。因此，本章分别选用相关关系法和主成分分析法对极大风速、降水量、平均相对湿度、日照时数、最低气压、平均气压、平均最低气温、最大风速、最低气温、平均2min风速、平均最高气温、最大日降水量、最高气压、平均气温、日降水量大于等于0.1mm日数、最高气温、平均水气压、月日照百分率共18个影响因子进行优选。优选出的影响因子为方案一和方案二，作为后续径流预报的数据基础。

7.1 相关系数法

相关系数用来反映变量之间的相关程度，在本书中指的是各个影响因子与预报对象的相关程度的大小。现在假设预报对象为 y，影响因子为 x，那么 y 与 x 的相关系数可以表示为[138]

$$r=\frac{\sum_{i=1}^{n}(x_i-\overline{x})(y_i-\overline{y})}{\sqrt{\sum_{i=1}^{n}(x_i-\overline{x})^2\sum_{i=1}^{n}(y_i-\overline{y})^2}} \tag{7.1}$$

式中：r 为 x 与 y 之间的相关系数；n 为样本数量；x_i 为影响因子 x 的第 i 个样本值；y_i 为预报对象 y 的第 i 个样本值。

表 7.1　　18 个影响因子与径流量相关系数

影响因子	径流量	最高气压	最高气温	降水量	平均气压	平均2min风速	平均气温	平均水气压	平均相对湿度	平均最低气温	平均最高气温	日降水量大于等于0.1mm日数	月日照百分率	日照时数	最大风速	最大日降水量	极大风速	最低气压	最低气温
径流量	1	−0.179	−0.135	0.673**	0.527**	0.497**	−0.510**	0.078	0.356**	−0.364**	−0.546**	0.699**	0.004	0.004	0.512**	0.240	−0.224	−0.430**	−0.202
最高气压	−0.179	1	−0.134	−0.126	−0.118	−0.018	0.123	0.100	−0.076	0.141	0.097	−0.069	−0.035	−0.025	−0.068	0.024	0.028	−0.012	−0.073
最高气温	−0.135	−0.134	1	−0.306*	−0.071	0.093	0.343**	−0.332*	−0.453**	0.190	0.413**	−0.174	0.252	0.254	−0.168	0.046	0.136	−0.274*	0.013
降水量	0.673**	−0.126	−0.306*	1	0.208	0.126	−0.477**	0.297*	0.505**	−0.218	−0.580**	0.687**	−0.269*	−0.265*	0.235	0.083	−0.116	−0.082	−0.024
平均气压	0.527**	−0.118	−0.071	0.208	1	0.672**	−0.516**	−0.140	0.198	−0.637**	−0.401**	0.453**	0.422**	0.415**	0.595**	0.198	−0.190	−0.428**	−0.367**
平均2min风速	0.497**	−0.018	0.093	0.126	0.672**	1	−0.337*	−0.196	0.029	−0.565**	−0.208	0.274*	0.641**	0.639**	0.668**	0.209	0.016	−0.650**	−0.343**
平均气温	−0.510**	0.123	0.343**	−0.477**	−0.516**	−0.337*	1	0.169	−0.414**	0.862**	0.934**	−0.592**	0.120	0.127	−0.493**	−0.294*	0.149	0.223	0.386**
平均水气压	0.078	0.100	−0.332*	0.297*	−0.140	−0.196	0.169	1	0.704**	0.388**	−0.012	0.217	−0.239	−0.239	−0.118	−0.173	−0.106	0.305*	−0.018
平均相对湿度	0.356**	−0.076	−0.453**	0.505**	0.198	0.029	−0.414**	0.704**	1	−0.151	−0.560**	0.630**	−0.318*	−0.325*	0.158	0.025	−0.134	0.131	−0.154
平均最低气温	−0.364**	0.141	0.190	−0.218	−0.637**	−0.565**	0.862**	0.388**	−0.151	1	0.661**	−0.317*	−0.322*	−0.310*	−0.638**	−0.229	0.106	0.365**	0.426**

续表

影响因子	径流量	最高气压	最高气温	降水量	平均气压	平均2min风速	平均气温	平均水气压	平均相对湿度	平均最低气温	平均最高气温	日降水量大于等于0.1mm日数	月日照百分率	日照时数	最大风速	最大日降水量	极大风速	最低气压	最低气温
平均最高气温	−0.546**	0.097	0.413**	−0.580**	−0.401**	−0.208	0.934**	−0.012	−0.560**	0.661**	1	−0.704**	0.340**	0.344**	−0.391**	−0.324*	0.146	0.116	0.305*
日降水量大于等于0.1mm日数	0.699**	−0.069	−0.174	0.687**	0.453**	0.274*	−0.592**	0.217	0.630**	−0.317*	−0.704**	1	−0.310*	−0.304*	0.305*	0.299*	−0.217	−0.249	−0.185
月日照百分率	0.004	−0.035	0.252	−0.269*	0.422**	0.641**	0.120	−0.239	−0.318*	−0.322*	0.340**	−0.310*	1	0.997**	0.425**	−0.157	0.008	−0.380**	−0.187
日照时数	0.004	−0.025	0.254	−0.265*	0.415**	0.639**	0.127	−0.239	−0.325*	−0.310*	0.344**	−0.304*	0.997**	1	0.415**	−0.155	0.014	−0.387**	−0.173
最大风速	0.512**	−0.068	−0.168	0.235	0.595**	0.668**	−0.493**	−0.118	0.158	−0.638**	−0.391**	0.305*	0.425**	0.415**	1	0.223	0.044	−0.479**	−0.257
最大日降水量	0.240	0.024	0.046	0.083	0.198	0.209	−0.294*	−0.173	0.025	−0.229	−0.324*	0.299*	−0.157	−0.155	0.223	1	0.111	−0.087	−0.121
极大风速	−0.224	0.028	0.136	−0.116	−0.190	0.016	0.149	−0.106	−0.134	0.106	0.146	−0.217	0.008	0.014	0.044	0.111	1	−0.002	0.298*
最低气压	−0.430**	−0.012	−0.274*	−0.082	−0.428**	−0.650**	0.223	0.305*	0.131	0.365**	0.116	−0.249	−0.380**	−0.387**	−0.479**	−0.087	−0.002	1	0.299*
最低气温	−0.202	−0.073	0.013	−0.024	−0.367**	−0.343**	0.386**	−0.018	−0.154	0.426**	0.305*	−0.185	−0.187	−0.173	−0.257	−0.121	0.298*	0.299*	1

注　*表示在 0.05 水平（双侧）上显著相关；**表示在 0.01 水平（双侧）上显著相关。

相关系数 r 的大小在 $[-1, 1]$ 之间，当 $r>0$ 时，说明 x、y 呈正相关关系；当 $r<0$ 时，说明 x、y 呈负相关关系；当 $r=0$ 时，说明 x、y 不存在线性相关关系；当 $r=1$ 或 -1 时，说明 x、y 呈完全线性相关关系。

$|r|$ 值越接近 1，说明变量间的线性相关关系越大；$|r|$ 值越接近 0，则说明变量间的线性相关关系越小。

本书通过 SPSS 软件分别计算了 18 个影响因子与径流的相关系数，18 个影响因子与径流量的相关系数见表 7.1。

本书选择 $|r|\geqslant 0.4$ 的影响因子作为预报因子，筛选结果见表 7.2。

表 7.2　　相关系数法筛选结果表

预报对象	预报因子（方案一）			
径流量	最低气压	降水量	平均气压	平均 2min 风速
	最大风速	平均气温	平均最高气温	日降水量≥0.1mm 日数

7.2　主成分分析法

主成分分析是通过降维的方式，把几个类似的指标组合成为一个新的指标因子[139]，然后根据实际问题的需要，从中选取一个或几个重要影响因子，来反映全部指标因子所表达的信息[140]。由于该方法能够避免主观随意性，客观地确定各指标的权重，所以在指标优选方面应用较为广泛。

为了避免不同指标间物理意义的影响，首先对样本数据进行归一化处理。本书采用的是 min - max 标准化，其公式为

$$x_{ij}^{*}=\frac{x_{ij}-x_{i,\min}}{x_{i,\max}-x_{i,\min}} \tag{7.2}$$

式中：x_{ij}^{*} 为第 i 个影响因子的第 j 个样本值标准化后的结果；x_{ij} 为第 i 个影响因子的第 j 个样本值；$x_{i,\min}$ 为第 i 个影响因子的最小样本值；$x_{i,\max}$ 为第 i 个影响因子的最大样本值。

利用 SPSS 软件对归一化后的样本数据进行处理，得到相关矩阵表，见表 7.3。

表 7.3　　相关矩阵

影响因子	极大风速	最低气压	最低气温	最高气压	最高气温	降水量	平均气压	平均2min风速	平均气温	平均水气压	平均相对湿度	平均最低气温	平均最高气温	日降水量大于等于0.1mm日数	月日照百分率	日照时数	最大风速	最大日降水量
极大风速	1.000	−0.002	0.298	0.028	0.136	−0.116	−0.190	0.016	0.149	−0.106	−0.134	0.106	0.146	−0.217	0.008	0.014	0.044	0.111
最低气压	−0.002	1.000	0.299	−0.012	−0.274	−0.082	−0.428	−0.650	0.223	0.305	0.131	0.355	0.116	−0.249	−0.380	−0.387	−0.479	−0.087
最低气温	0.298	0.299	1.000	−0.073	0.013	−0.024	−0.367	−0.343	0.386	−0.018	−0.154	0.426	0.305	−0.185	−0.187	−0.173	−0.257	−0.121
最高气压	0.028	−0.012	−0.073	1.000	−0.134	−0.126	−0.118	−0.018	0.123	0.100	−0.076	0.141	0.097	−0.069	−0.035	−0.025	−0.068	0.024
最高气温	0.136	−0.274	0.013	−0.134	1.000	−0.306	−0.071	0.093	0.343	−0.332	−0.453	0.190	0.413	−0.174	0.252	0.254	−0.168	0.046
降水量	−0.116	−0.082	−0.024	−0.126	−0.306	1.000	0.208	0.126	−0.477	0.297	0.505	−0.218	−0.580	0.687	−0.269	−0.265	0.235	0.083
平均气压	−0.190	−0.428	−0.367	−0.118	−0.071	0.208	1.000	0.672	−0.516	−0.140	0.198	−0.637	−0.401	0.453	0.422	0.415	0.595	0.198
平均2min风速	0.016	−0.650	−0.343	−0.018	0.093	0.126	0.672	1.000	−0.337	−0.196	0.029	−0.565	−0.208	0.274	0.641	0.639	0.668	0.209
平均气温	0.149	0.223	0.386	0.123	0.343	−0.477	−0.516	−0.337	1.000	0.169	−0.414	0.862	0.934	−0.592	0.120	0.127	−0.493	−0.294
平均水气压	−0.106	0.305	−0.018	0.100	−0.332	0.297	−0.140	−0.196	0.169	1.000	0.704	0.388	−0.012	0.217	−0.239	−0.239	−0.118	−0.173

续表

影响因子	极大风速	最低气压	最低气温	最高气压	最高气温	降水量	平均气压	平均2min风速	平均气温	平均水气压	平均相对湿度	平均最低气温	平均最高气温	日降水量大于等于0.1mm日数	月日照百分率	日照时数	最大风速	最大日降水量
平均相对湿度	−0.134	0.131	−0.154	−0.076	−0.453	0.505	0.198	0.029	−0.414	0.704	1.000	−0.151	−0.560	0.630	−0.318	−0.325	0.158	0.025
平均最低气温	0.106	0.365	0.426	0.141	0.190	−0.218	−0.637	−0.565	0.862	0.388	−0.151	1.000	0.661	−0.317	−0.322	−0.310	−0.638	−0.229
平均最高气温	0.146	0.116	0.305	0.097	0.413	−0.580	−0.401	−0.208	0.934	−0.012	−0.560	0.661	1.000	−0.704	0.340	0.344	−0.391	−0.324
日降水量大于等于0.1mm日数	−0.217	−0.249	−0.185	−0.069	−0.174	0.687	0.453	0.274	−0.592	0.217	0.630	−0.317	−0.704	1.000	−0.310	−0.304	0.305	0.299
月日照百分率	0.008	−0.380	−0.187	−0.035	0.252	−0.269	0.422	0.641	0.120	−0.239	−0.318	−0.322	0.340	−0.310	1.000	0.997	0.425	−0.157
日照时数	0.014	−0.387	−0.173	−0.025	0.254	−0.265	0.415	0.639	0.127	−0.239	−0.325	−0.310	0.344	−0.304	0.997	1.000	0.415	−0.155
最大风速	0.044	−0.479	−0.257	−0.068	−0.168	0.235	0.595	0.668	−0.493	−0.118	0.158	−0.638	−0.391	0.305	0.425	0.415	1.000	0.223
最大日降水量	0.111	−0.087	−0.121	0.024	0.046	0.083	0.198	0.209	−0.294	−0.173	0.025	−0.229	−0.324	0.299	−0.157	−0.155	0.223	1.000

在进行主成分分析之前，需要验证因子之间存在相关性，如果不存在则不能进行主成分分析。从表 7.3 中可以直观地看出，矩阵内系数的绝对值几乎全都大于 0，即表明变量之间存在相关性，同时进行了 KMO 和 Bartlett 的检验，一般认为 KMO＞0.7 时因子之间存在相关性。检验结果见表 7.4。

表 7.4　　**KMO 和 Bartlett 的检验**

取样足够度的 Kaiser－Meyer－Olkin 度量		0.708
Bartlett 的球形度检验	近似卡方	1018.980
	df	153
	Sig.	0.000

对影响因子进行 KMO 检验，所得结果为 0.708，大于 0.7，说明可以使用主成分分析法进行主成分提取；同时，Bartlett 球形度检验的显著性值为 0.000，说明该样本数据显著性非常强。

表 7.5 为各影响因子的特征值和贡献率，本书选取特征值大于 1 的成分作为主成分。成分 1、2、3、4、5、6 特征值大于 1，累积贡献率为 81.287%。可以认为以 1～6 作为主成分，可以代替原来的 18 项指标来表达信息。具体类别划分见表 7.6。

表 7.5　　**各影响因子的特征值和贡献率**

成分	初始特征值			提取平方和载入		
	合计	方差/%	累积/%	合计	方差/%	累积/%
1	5.384	29.91	29.91	5.384	29.91	29.91
2	4.097	22.759	52.669	4.097	22.759	52.669
3	1.682	9.342	62.011	1.682	9.342	62.011
4	1.226	6.813	68.824	1.226	6.813	68.824
5	1.124	6.242	75.066	1.124	6.242	75.066
6	1.12	6.222	81.287	1.12	6.222	81.287
7	0.785	4.363	85.65			
8	0.671	3.73	89.38			
9	0.45	2.502	91.882			
10	0.421	2.34	94.222			
11	0.319	1.775	95.997			
12	0.274	1.52	97.517			

续表

成分	初始特征值			提取平方和载入		
	合计	方差/%	累积/%	合计	方差/%	累积/%
13	0.17	0.943	98.46			
14	0.133	0.739	99.199			
15	0.078	0.432	99.631			
16	0.056	0.309	99.94			
17	0.008	0.046	99.986			
18	0.002	0.014	100			

注 提取方法为主成分分析。

表 7.6 各影响因子旋转成分矩阵[a]

因子	成分					
	1	2	3	4	5	6
极大风速	0.051	0.034	−0.105	0.088	0.859	0.106
最低气压	−0.583	0.129	−0.021	−0.555	0.099	−0.028
最低气温	−0.269	0.288	−0.027	−0.123	0.651	−0.267
最高气压	−0.027	0.095	−0.046	−0.021	−0.027	0.908
最高气温	0.117	0.399	−0.33	0.682	−0.03	−0.237
降水量	−0.03	−0.324	0.72	0.073	0.032	−0.19
平均气压	0.635	−0.439	0.193	0.129	−0.214	−0.076
平均 2min 风速	0.844	−0.256	0.102	0.265	−0.014	0.061
平均气温	−0.1	0.925	−0.234	−0.011	0.155	0.066
平均水气压	−0.109	0.378	0.767	−0.326	−0.071	0.189
平均相对湿度	−0.059	−0.206	0.857	−0.225	−0.093	0.027
平均最低气温	−0.459	0.83	0.064	0.036	0.145	0.092
平均最高气温	0.084	0.857	−0.426	−0.035	0.111	0.026
日降水量大于等于 0.1mm 日数	0	−0.433	0.736	0.357	−0.14	−0.056
月日照百分率	0.899	0.169	−0.309	−0.093	−0.055	−0.057
日照时数	0.896	0.177	−0.306	−0.084	−0.046	−0.052
最大风速	0.682	−0.482	0.174	0.019	0.136	0.04
最大日降水量	−0.082	−0.442	0.019	0.518	0.204	0.261

根据影响因子特征值及贡献率（表 7.5）的结果并不能有效筛选出表征径流特征的影响因子。进一步利用 Kaiser 标准化的正交旋转法，在经过 14 次迭代后收敛，得到影响因子的旋转成分矩阵（表 7.6），从表 7.6 中可以反映出 18 个影响因子的重要程度，在成分 1 中月日照百分率和日照时数比重较大，说明日照对径流量影响较大；在成分 2 和成分 4 中平均气温、最高平均气温和最高气温比重较大，反映了气温对径流量影响较大；在成分 3 中降水量、平均水汽压、平均相对湿度和日降水量大于等于 0.1mm 日数的比重较大，说明降水量及空气含水量对径流量影响较大；在成分 5 中极大风速比重较大，说明风对径流量影响较大；在成分 6 中最高气压占比重较大，所以气压对径流量影响较大。所以本书选取月日照百分率、平均气温、降水量、极大风速和最高气压作为预报因子。筛选结果见表 7.7。

表 7.7　主成分分析法筛选结果表

预报对象	预报因子（方案二）		
径流量	月日照百分率	降水量	极大风速
	平均气温	最高气压	

7.3 本章小结

本章首先介绍了相关系数法及主成分分析法的原理，然后分别采用相关系数法及主成分分析法，利用 SPSS 软件对 18 个影响因子进行优选，得到两种预报因子方案。选取不同的预报因子进行预测，预测结果一定也不相同，下文将利用两种方案分别进行预测，通过对比预测结果的优劣，来分析两种方案的实用性。

第8章 基于多元线性回归的径流预报模型

8.1 多元线性回归模型原理

回归分析法通过寻找预测对象与影响因子之间的相关关系，建立回归模型进行预测[141]。多元回归分析法可以提供变量间相关关系的数学表达式，可利用概率统计对其进行分析，以判别其有效性[142]。多元线性回归方法是最常用的回归分析方法，许多非线性回归问题都可以转化为多元线性回归的问题来处理[143]。因此，本章选用多元线性回归模型对径流量进行预测。

设随机变量 y 与一般变量 x_1，x_2，…，x_k 的线性回归模型为

$$y=\beta_0+\beta_1 x_1+\beta_2 x_2+\cdots+\beta_k x_k \tag{8.1}$$

式中：β_0，β_1，…，β_k 是 $k+1$ 个未知参数；β_0 为回归常数；β_1，β_2，…，β_k 为回归系数；y 为因变量；x 为自变量。

当 $k=1$ 时，式（8.1）为一元线性回归模型；当 $k\geqslant 2$ 时，式（8.1）为多元线性回归方程。

如果有 N 组数据，那么这 N 组数据可以表达为

$$\begin{cases} y_1=\beta_0+\beta_1 x_{11}+\beta_2 x_{12}+\cdots+\beta_k x_{1k} \\ y_2=\beta_0+\beta_1 x_{21}+\beta_2 x_{22}+\cdots+\beta_k x_{2k} \\ \quad\vdots \\ y_N=\beta_0+\beta_1 x_{N1}+\beta_b x_{N2}+\cdots+\beta_k x_{Nk} \end{cases} \tag{8.2}$$

回归求解就是确定 β_0，β_1，…，β_k 的估计值 $\hat{\beta}_0$，$\hat{\beta}_1$，…，$\hat{\beta}_k$，并给出回归

方程，即

$$\hat{y}=\hat{\beta}_0+\hat{\beta}_1 x_1+\hat{\beta}_2 x_2+\cdots+\hat{\beta}_k x_k \tag{8.3}$$

回归方程的拟合程度计算公式为

$$R^2=1-\frac{\sum(y-\hat{y})^2}{\sum(y-\bar{y})^2} \tag{8.4}$$

R^2 越接近 1，回归方程拟合度就越高。

8.2　多元线性回归模型的应用

本章收集了 1960—2016 年 57 年间的最低气压（hPa）、降水量（mm）、平均气压（hPa）、平均 2min 风速（m/s）、平均气温（℃）、平均最高气温（℃）、日降水量大于等于 0.1mm 日数、最大风速（m/s）、日照百分率（%）、极大风速（m/s）、最高气压（hPa）及径流量（亿 m^3）资料。方案一以 1960—2009 年间的 50 年的最低气压（hPa）、降水量（mm）、平均气压（hPa）、平均 2min 风速（m/s）、平均气温（℃）、平均最高气温（℃）、日降水量大于等于 0.1mm 日数、最大风速（m/s）作为自变量，方案二以月日照百分率（%）、降水量（mm）、极大风速（m/s）、平均气温（℃）、最高气压（hPa）作为自变量，径流量作为因变量，利用 SPSS 进行多元线性回归分析。方案一的变量视图和长水水文站相关预报因子统计量分别如图 8.1 和图 8.2 所示。

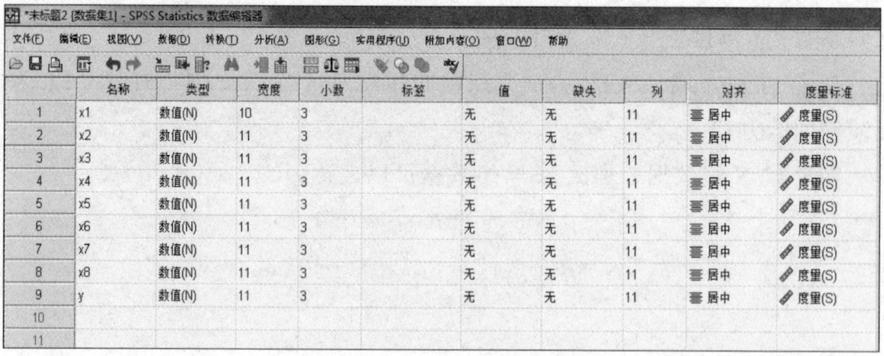

*未标题2 [数据集1] - SPSS Statistics 数据编辑器

文件(F)　编辑(E)　视图(V)　数据(D)　转换(T)　分析(A)　图形(G)　实用程序(U)　附加内容(O)　窗口(W)　帮助

	名称	类型	宽度	小数	标签	值	缺失	列	对齐	度量标准
1	x1	数值(N)	10	3		无	无	11	居中	度量(S)
2	x2	数值(N)	11	3		无	无	11	居中	度量(S)
3	x3	数值(N)	11	3		无	无	11	居中	度量(S)
4	x4	数值(N)	11	3		无	无	11	居中	度量(S)
5	x5	数值(N)	11	3		无	无	11	居中	度量(S)
6	x6	数值(N)	11	3		无	无	11	居中	度量(S)
7	x7	数值(N)	11	3		无	无	11	居中	度量(S)
8	x8	数值(N)	11	3		无	无	11	居中	度量(S)
9	y	数值(N)	11	3		无	无	11	居中	度量(S)
10										
11										

图 8.1　变量视图（方案一）

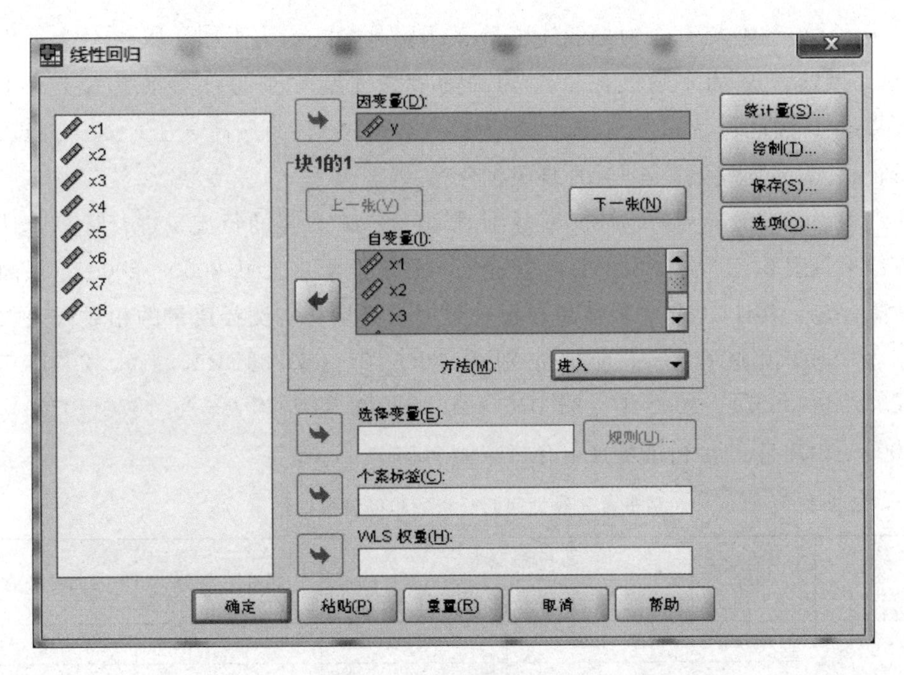

图 8.2 长水水文站相关预报因子统计量（方案一）

利用 SPSS 软件进行多元线性回归分析，建立径流量回归模型，以 2010—2016 年数据进行检验，得到径流量多元线性回归模型参数汇总表，见表 8.1。

表 8.1 模型参数汇总表

方案	R	R^2	$\hat{\beta}_0$	$\hat{\beta}_1$	$\hat{\beta}_2$	$\hat{\beta}_3$	$\hat{\beta}_4$	$\hat{\beta}_5$	$\hat{\beta}_6$	$\hat{\beta}_7$	$\hat{\beta}_8$
方案一	0.875	0.7664	−1189.302	−0.308	19.444	1.492	2.418	3.031	−2.035	0.112	0.375
方案二	0.756	0.572	126.344	−0.507	−0.1	28.415	−2.813	0.331			

注 1. R 为多元线性回归模型的复相关系数。
2. R^2 为确定性系数，通常用确定性系数 R^2 来实现回归方程的拟合优度检验。
3. $\hat{\beta}_0$ 为常数项系数，$\hat{\beta}_1 \sim \hat{\beta}_8$ 为回归系数。

将表 8.1 中的回归系数代入式（8.3）得到多元线性回归方程如下

方案一：

$$
\begin{aligned}
y = & -1189.302 - 0.308x_1 + 19.444x_2 + 1.492x_3 + \\
& 2.418x_4 + 3.031x_5 - 2.035x_6 + 0.112x_7 + 0.375x_8
\end{aligned}
\tag{8.5}
$$

方案二：

$$
y = 126.344 - 0.507x_1^* - 0.1x_2^* + 28.415x_3^* - 2.813x_4^* + 0.331x_5^* \tag{8.6}
$$

式中：y 为径流量；x_1 为最低气压；x_2 为降水量；x_3 为平均气压；x_4 为平均 2min 风速；x_5 为平均气温；x_6 为平均最高气温；x_7 为日降水量大于等于 0.1mm 日数；x_8 为最大风速；x_1^* 为极大风速；x_2^* 为最高气压；x_3^* 为降水量；x_4^* 为平均气温；x_5^* 为月日照百分率。

根据式（8.5）和式（8.6）分别对 2000—2009 年的径流量进行计算，计算结果见表 8.2。从表 8.2 中可以看出，关于长水水文站 2000—2009 年预测效果评定，共计 10 年年径流量预报，预报径流量与实测径流量的相对误差大于 20% 的预报存在 4 年，分别为 2000 年（69.36124458%）、2001 年（25.7243306%）、2002 年（33.07033446%）和 2007 年（－23.16764707%），2000—2009 年的年径流量预报合格率为 60%。

表 8.2　　基于多元线性回归分析的年径流模拟结果

方案	年份	径流/亿 m^3		相对误差/%	是否合格
		实测值	模型计算结果		
方案一	2000	3.219997	5.453427	69.36124458	不合格
	2001	1.62597	2.04424	25.7243306	不合格
	2002	2.474824	3.293257	33.07033446	不合格
	2003	13.65441	13.53235	－0.893967909	合格
	2004	2.976515	3.463791	16.3706923	合格
	2005	7.183236	5.792209	－19.3649048	合格
	2006	3.665485	3.781667	3.169603642	合格
	2007	5.896532	4.530444	－23.16764707	不合格
	2008	1.641928	1.892987	15.29045312	合格
	2009	4.491979	5.368949	19.5230156	合格
方案二	2000	3.219997	2.380444	－26.0731	不合格
	2001	1.62597	1.748015	7.505965	合格
	2002	2.474824	2.968362	19.94233	合格
	2003	13.65441	16.79128	22.9733	不合格
	2004	2.976515	2.432469	－18.278	合格
	2005	7.183236	8.606645	19.81572	合格
	2006	3.665485	0.51134	－86.0499	不合格
	2007	5.896532	1.78598	－69.7113	不合格
	2008	1.641928	1.970127	19.98861	合格
	2009	4.491979	5.770975	28.47289	不合格

两种方案的多元线性回归预测径流量数据拟合分别如图 8.3、图 8.4 所示。

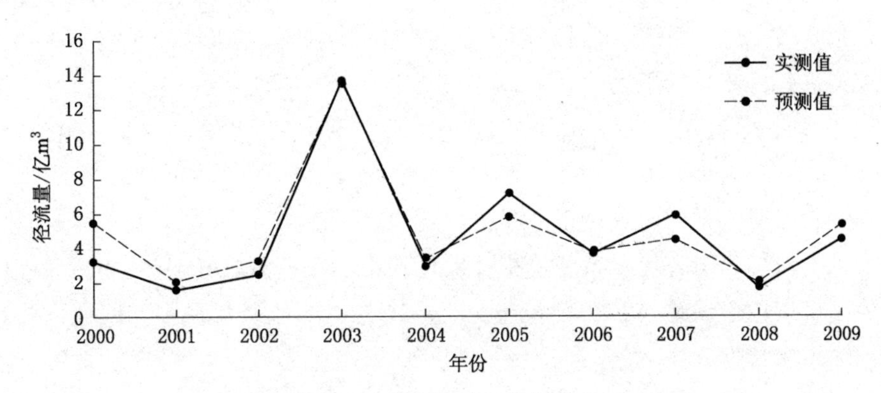

图 8.3 多元线性回归预测径流量数据拟合图（方案一）

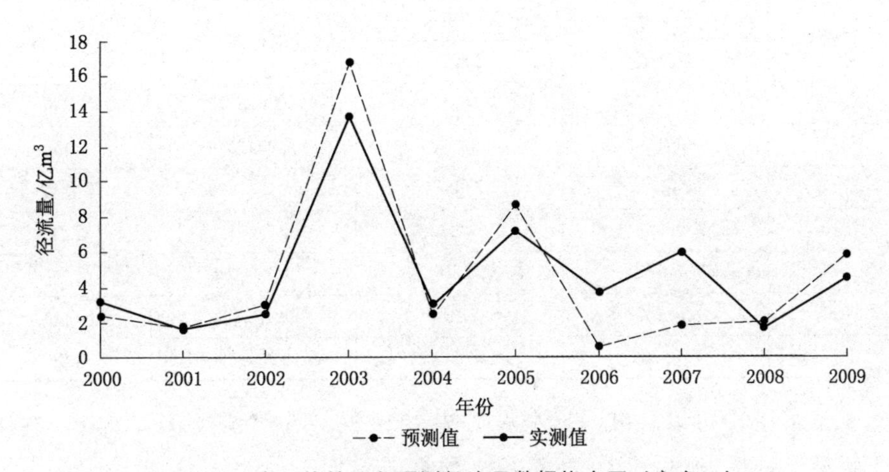

图 8.4 多元线性回归预测径流量数据拟合图（方案二）

8.3 多元线性回归模型检验与预测

多元线性回归模型的检验方式主要包括拟合优度检验（即 R^2 检验）和方程显著性检验（即 F 检验）。

在拟合优度检验时，R 越大，表示自变量与因变量的相关关系越密切。也就是说，R 越大模型的适用度越高。通常，$R>0.8$ 时，相关关系成立。

利用 SPSS 软件计算和对数据进行处理分析，得到方案一 $R^2=0.7664$，$R=\sqrt{0.7664}>0.8$；方案二 $R^2=0.572$，$R=\sqrt{0.572}<0.8$。说明方案一比方案二拟合效果好，且 $R>0.8$ 说明可以将方案一的筛选结果应用于多元线性回归模型进行径流量的预测。

通过分析利用 SPSS 软件进行回归分析的结果可知，方案一中 $F=18.009$，在显著性水平 $\alpha=0.05$ 时，$F_\alpha(n_1,n_2)=F_{0.05}(2,39)=3.238<F=18.009$，说明方程回归效果显著。

以上对方程拟合优度和显著性检验的结果证明，基于方案一的多元线性回归模型可以用于该地区径流预报研究。2010—2016 年径流量多元线性回归计算预测结果见表 8.3。

表 8.3　洛宁县 2010—2016 年径流量多元线性回归计算预测结果表

年份	径流/亿 m^3		相对误差/%	是否合格
	实测值	预测值		
2010	7.637872	5.584259	−26.8872	不合格
2011	9.001624	8.869891	−1.46344	合格
2012	3.43745	1.88689	−45.1079	不合格
2013	2.975594	2.380828	−19.9881	合格
2014	5.427734	5.94468	9.524161	合格
2015	3.582622	5.819041	62.42408	不合格
2016	1.89859	2.268637	19.4906	合格

从表 8.3 中可以看出，长水水文站 2010—2016 年预报效果评定，共计 7 年年径流量预报中，存在 3 年径流预报误差大于 20%，分别为：2010 年（−26.8872%）、2012 年（−45.1079%）、2015 年（62.42408%），2010—2016 年的年径流量预报合格率为 57.14%。由此可以看出，多元线性回归模型虽然在率定期内能模拟径流序列，但是预报精度不高，说明该模型用于径流预报的可靠性有待提高。

8.4　本章小结

本章主要介绍了多元线性回归模型的原理、算法步骤及模型的显著性检验，然后在此基础上建立了基于方案一和方案二的多元线性回归模型，并把1960—2009年的水文气象数据作为分析样本，对2010—2016年径流量进行了预测。结果显示，结合方案一利用多元线性回归模型的测试集径流预测结果拟合优度为60%，验证期径流预测结果的拟合优度为57.14%，预测精度较低。从上面多元回归方程的显著性检验的分析可知，多元回归分析作为一种数理统计方法可以应用到径流预测中，但预测效果稳定性仍需进一步提升。

第9章 基于BP神经网络的径流预报模型

9.1 BP神经网络的基本原理

人工神经网络是模仿人脑结构及功能的一种非线性信息处理系统，是由大量神经元广泛互连而成的网络[144]。目前，应用最为广泛的是1985年Rumehart等最早提出的BP神经网络模型。该模型通常是三层网络结构（图9.1），依次是输入层、隐含层、输出层，每层都有一个或多个神经元。

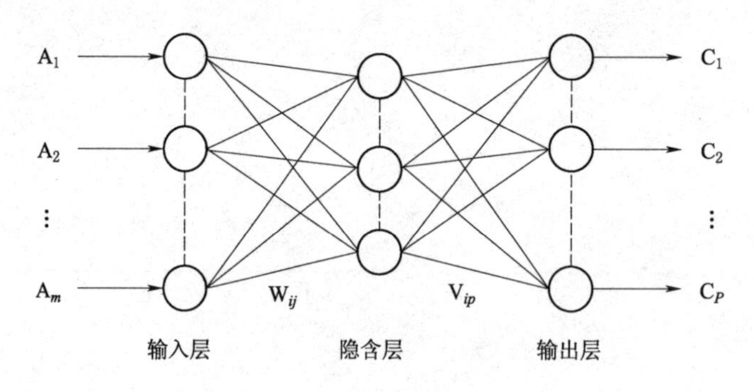

图9.1 BP神经网络三层结构

其基本思想是，采用误差逆向传播，将学习过程分两个过程，而正向传播和逆向传播[145]。在正向传播时，将数据输入输入层，经隐含层处理，传向输出层。如果输出层的输出结果不符合期望值，则进入第二个学习过程，即逆向传播，该过程是将输出层误差通过隐含层反传给输入层，并将误差分摊给各层单元，从而获得每层单元的误差信号，根据此信号修正各单元权值。这种信号正向传播与误差逆向传播过程，是权值不断调整更新的过程，该过程反复地进行，也是网络的学习训练过程。此过程一直循环到网络输出的误差减少到可接受的程度，或进行到预先设定的学习次数为止[146-148]。

9.2 基于BP神经网络预报模型的建立

9.2.1 数据预处理

数据的预处理是指将样本数据通过一定的方法折算到区间［0，1］或［−1，1］内，也称为数据的归一化。归一化是一种无量纲处理手段，样本数据进行归一化之后不仅可以消除奇异数据，避免数据之间的不同物理意义，而且不影数据间的变化规律。另外，还可以减小模型训练时的绝对误差，缩短训练时间[149]。本书利用式（9.1）对径流数据进行归一化处理，将输入数据限定在［0，1］区间。

$$x_i^* = \frac{x_i - x_{\min}}{x_{\max} - x_{\min}} \tag{9.1}$$

式中：x_i 为样本序列中第 i 个输入值；$x_{\max}$、$x_{\min}$ 分别为样本中的最大值和最小值；x_i^* 为样本序列归一化后对应的第 i 个输入值。

9.2.2 网络的构建与训练

构建BP神经网络时首先需要确定输入层和输出层的节点数。节点数的选取主要取决于预报因子及预报对象的数量。

方案一：根据洛宁县最低气压（hPa）、降水量（mm）、平均气压（hPa）、平均2min风速（m/s）、平均气温（℃）、平均最高气温（℃）、日降水量大于等于0.1mm日数、最大风速（m/s）8个因子与径流量的相关性，对洛宁县的径流量进行预测，即输入层、输出层节点数分别为8、1。

方案二：根据月日照百分率（%）、降水量（mm）、极大风速（m/s）、平均气温（℃）、最高气压（hPa）5个影响因子与径流的相关性，对洛宁县的径流量进行预测，即输入层、输出层节点数分别为5、1。

隐含层节点数的选取决定了网络的拟合能力。目前，试错法在隐含层节点的确定中应用较为普遍。因此本书的隐含层节点数为2。设定隐含层激活函数为tansig函数，输出层激活函数为trainlm。

训练参数的取值也是建立网络的关键。选取合适的训练次数、训练精度直接影响着模型的预测精度。本书设定网络迭代次数epochs为10000次，期望误差goal为0.1，学习速率lr为0.1。

9.2.3　网络仿真模拟

确定网络参数和结构之后，基于上述网络利用仿真函数sim进行数据预测。再将预测数据反归一化，就得到了最终的网络预测输出。

9.2.4　模型评定

根据实际水文预报情况，拟合的平均相对误差在20%之内，表示可以满足大多数预报要求[150-151]。比较预测值与实测值，根据相对误差评定要求，对模型进行合理评价。

9.2.5　预报与检验

利用BP神经网络进行预测时，以1960—1999年的径流气象资料作为训练数据，构建网络模型，2000—2009年的实测资料为测试数据，2010—2016年的实测数据为验证数据，并根据预报结果对模型进行评价。

9.2.6　三层BP神经网络算法流程

三层BP神经网络算法流程图如图9.2所示。

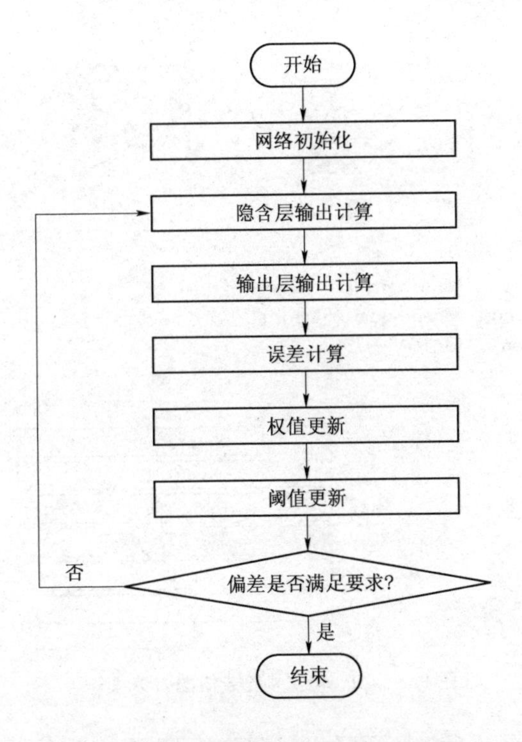

图 9.2 三层 BP 神经网络算法流程图

9.3 模型应用与评价

根据本书第 8 章的方案一和方案二所选径流预报因子及洛河流域的长水水文站径流序列，构建以方案一和方案二预报因子为输入的三层 BP 神经网络。两种方案的 BP 神经网络结构分别如图 9.3 和图 9.4 所示。

基于 BP 神经网络的 2000—2009 年年径流模拟结果见表 9.1。基于 BP 神经网络的 2010—2016 年年径流预报结果见表 9.2。为了更简单清晰地分析该模型的预测结果，将基于方案一和方案二的长水水文站 2010—2016 年的实测径流量和 BP 神经网络预测径流量数据拟合图表现为折线图的形式，如图 9.5、图 9.6 所示。

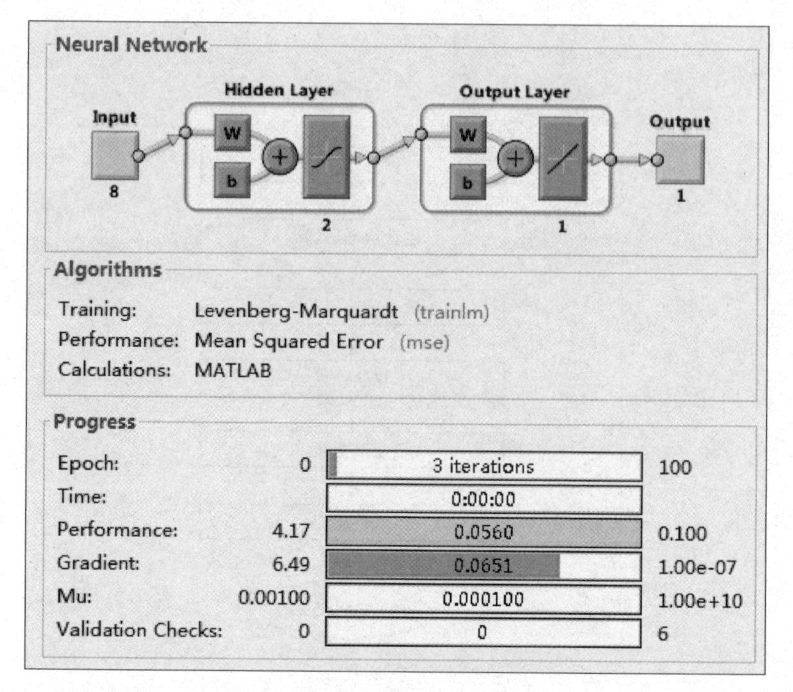

图 9.3　BP 神经网络结构图（方案一）

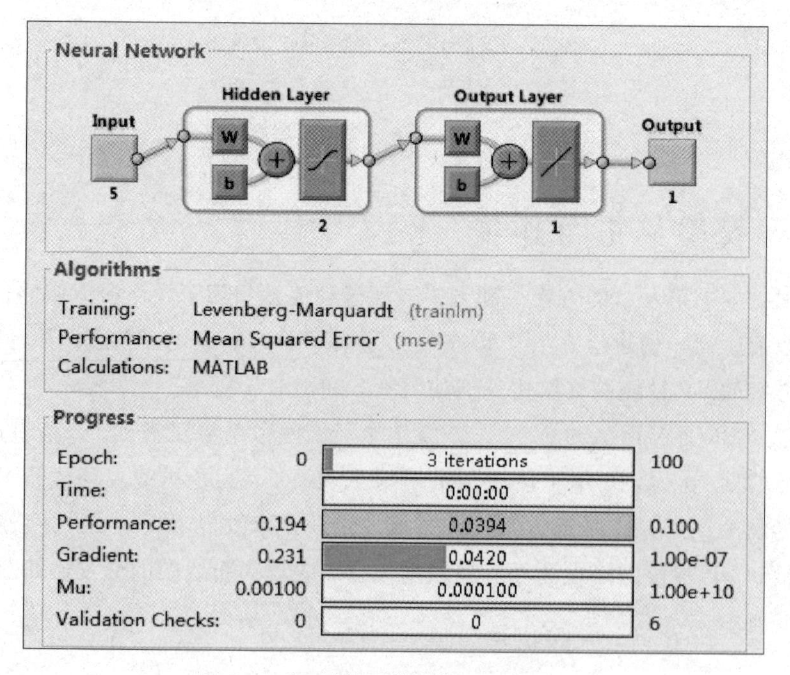

图 9.4　BP 神经网络结构图（方案二）

表 9.1 基于 BP 神经网络的 2000—2009 年年径流模拟结果

方案	年份	径流/亿 m³		相对误差/%	是否合格
		实测值	预测值		
方案一	2000	3.219997	5.091124	58.10959	不合格
	2001	1.62597	2.594683	59.57753	不合格
	2002	2.474824	2.381287	−3.77955	合格
	2003	13.65441	10.99201	−19.4985	合格
	2004	2.976515	3.165437	6.347111	合格
	2005	7.183236	5.846745	−18.6057	合格
	2006	3.665485	3.44022	−6.1456	合格
	2007	5.896532	4.331907	−26.5347	不合格
	2008	1.641928	1.906473	16.11181	合格
	2009	4.491979	4.964648	10.52251	合格
方案二	2000	3.219997	2.922951	−9.22504	合格
	2001	1.62597	1.920809	18.13309	合格
	2002	2.474824	4.492303	81.52008	不合格
	2003	13.65441	21.11178	54.61503	不合格
	2004	2.976515	3.464476	16.39373	合格
	2005	7.183236	7.266571	1.160133	合格
	2006	3.665485	2.99336	−18.3366	合格
	2007	5.896532	5.868682	−0.47232	合格
	2008	1.641928	0.938388	−42.8484	不合格
	2009	4.491979	4.111239	−8.47601	合格

表 9.2 基于 BP 神经网络的 2010—2016 年年径流预报结果

方案	年份	径流/亿 m³		相对误差/%	是否合格
		实测值	预测值		
方案一	2010	7.637872	5.878232	−23.0384	不合格
	2011	9.001624	7.513653	−16.53	合格
	2012	3.43745	2.84814	−17.1438	合格
	2013	2.975594	2.789621	−6.24996	合格
	2014	5.427734	4.381941	−19.2676	合格
	2015	3.582622	2.04114	−43.0267	不合格
	2016	1.89859	1.610999	−15.1476	合格

续表

方案	年份	径流/亿 m^3		相对误差/%	是否合格
		实测值	预测值		
方案二	2010	7.637872	8.534513	11.7394	合格
	2011	9.001624	13.55963	50.6354	不合格
	2012	3.43745	4.114439	19.6945	合格
	2013	2.975594	3.557515	19.55645	合格
	2014	5.427734	8.34422	53.73305	不合格
	2015	3.582622	5.411171	51.03941	不合格
	2016	1.89859	1.594277	−16.0284	合格

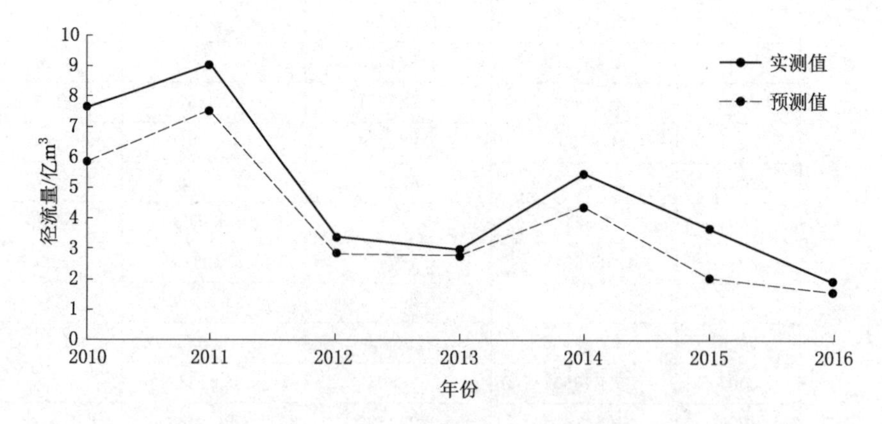

图 9.5 2010—2016 年 BP 神经网络预测径流量数据拟合图（方案一）

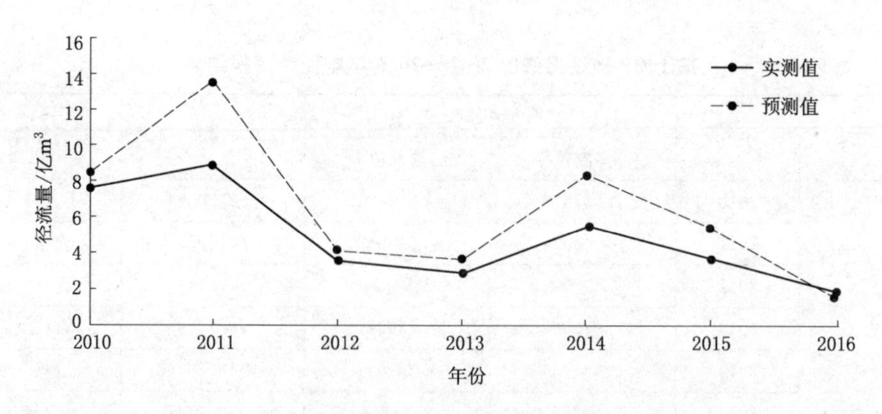

图 9.6 2010—2016 年 BP 神经网络预测径流量数据拟合图（方案二）

从表 9.1 中可以看出，关于长水水文站 2000—2009 年预测效果评定，共计 10 年年径流量预报，基于方案一和方案二的预报径流量与实测径流量的相对误差大于 20%以上的预报均存在 3 年，年径流量预报合格率也均为 70%。但是，在表 9.2 中可以看出，长水水文站 2010—2016 年预报效果评定，共计 7 年年径流量预报，在方案一的预报结果中存在 2 年年径流预报误差大于 20%，方案二的预报结果中存在 3 年年径流预报误差大于 20%，由此推断，基于方案一的 BP 神经网络模型略优于基于方案二的 BP 神经网络模型。结合方案一，从预报模型来看，基于多元线性回归模型的测试集径流预测结果拟合优度为 60%，而基于 BP 神经网络模型的测试集径流预测结果预报合格率为 70%，表明单从预报模型来看，BP 神经网络模型比多元线性回归模型更适用于该区域的径流预报，但预报效果仍有待提高。

9.4 本章小结

本章首先介绍了 BP 神经网络的基本原理和相关参数的确定，然后针对径流时间序列非线性和随机性的特点，建立了基于 BP 神经网络的径流预测模型。将 1960—2016 年水文气象资料划分为训练集、测试集、验证集 3 段，检验结果显示方案一的预报合格率优于方案二。同时，与传统水文模型——多元线性回归模型相比，预测效果较好，说明在径流预测中 BP 神经网络模型比多元线性回归模型更适用。

第10章

基于ELM算法的径流预报模型

10.1 ELM算法概述

中长期径流预报是水利水电工程设计、施工和运行管理的重要依据，在防汛、抗旱、供水、发电、养殖、旅游、航运及改善生态环境等方面能发挥显著作用[152]。目前，BP神经网络算法和ELM算法是应用较为广泛的人工智能径流预测方法。BP神经网络基于前馈神经网路的架构，通过梯度下降法，以逆向传播的方式进行学习，过程中需不断迭代更新权重和阈值，导致运算出现易陷入局部极值且训练速度慢等问题[153-155]。极限学习机[156]（extreme learning machine，ELM）执行过程中不需要调整网络的输入权值以及隐含层偏差，只需设置隐含层节点数就能产生唯一最优解，因而学习速度快且泛化性能好[157]，恰好弥补了BP神经网络训练时间长和局部极值的缺点。ELM在回归、拟合、分类等多个领域得到国内外广泛的应用，同时不少学者对ELM提出了改进方案，使其性能得到进一步提升。例如：黄永辉等[158]利用ELM进行爆堆形态预测，该预测提高了爆炸对形态的准确度，而且通过实例预测表明ELM预测精度高于同期使用的BP神经网络预测；姜媛媛等[159]利用ELM对锂电池剩余寿命进行预测，并与高斯过程回归预测方法做比较，结果表明ELM算法具备较好的电池RUL预测精度；陈恒志等[160]利用ELM对连铸坯质量进行预测，并与BP和遗传算法优化的BP神经网络预测结果进行分析对比，结果显示该模型可对连铸坯质量进行迅速准确的分析；石炜等[161]利用

ELM 对高炉喷煤量进行预测，并与 BP 神经网络预测结果进行比较，结果显示 ELM 模型能够更快、更准确预报处高炉炼钢时所需喷煤量，能够更好地指导实际生产。目前 ELM 在径流预测方面应用较少。

10.2 ELM 算法原理

ELM 是黄广斌教授提出的一种单隐含层前馈神经网络[162]。ELM 的出现有效地解决了前馈神经网络学习速度慢的难题。该算法只需在训练之前随机生成输入层与隐含层之间的连接权值和隐含层神经元阈值，且训练过程中无须改动[163—164]。

设 m、M、n 分别为网络输入层、隐含层和输出层的节点数，$g(x)$是隐含层激活函数。对于 N 个不同的样本（x_i，t_i），$i=1$，2，…，N，其中 $x_i=[x_{i1}, x_{i2}, \cdots, x_{in}]^{\mathrm{T}}\in R^{\mathrm{m}}$，$t_i=[t_{i1}, t_{i2}, \cdots, t_{in}]^{\mathrm{T}}\in R^{\mathrm{m}}$，则 ELM 模型可表示为

$$\sum_{j=1}^{M}\beta_j g(w_i \cdot x_i + b_i) = o_j \ (j=1,2,\cdots,N) \tag{10.1}$$

式中：w_i 为输入层和隐含层的连接权值向量；β_i 为隐含层和输出层的连接权值向量；b_i 为隐含层神经元阈值；o_j 为网络输出。

将 N 个不同的样本代入到式（10.1），得

$$T=H\beta \tag{10.2}$$

式中：H 为隐含层输出矩阵；β 为输出权值矩阵，T 为样本集目标矩阵。

由于单隐含层前馈神经网络的输入层与隐含层连接权值和隐含层神经元阈值是随机产生的且不需要调整，所以当 w_j、b_i 确定后，训练过程即式（10.2）最小二乘法求解过程。最小二乘解即

$$\hat{\beta}=H^{\mathrm{T}}T \tag{10.3}$$

式中：H^{T} 为输出权值矩阵的伪逆。

10.3 ELM 算法训练步骤

ELM 算法训练步骤如下：

（1）确定 ELM 算法的输入数据 x 与输出数据 y。

（2）将输入样本系列划分为训练数据、测试数据及验证数据。

（3）将样本数据进行归一化预处理，限定在［－1，1］区间，加快 ELM 算法的收敛速度。

（4）利用 MATLAB 软件构建 ELM 模型，设定好激励函数和隐藏层神经元的个数。

（5）利用训练数据对 ELM 模型进行训练，将训练好的 ELM 模型用于测试数据预测。

（6）将网络输出值再进行反归一化到真实数据，然后对所归一化后的结果进行精度分析。

（7）最后对验证集数据进行预测。

10.4　ELM 算法的特点

ELM 算法只需要在训练前设置好隐含层节点数和激励函数，输入层与隐含层间的连接权值和隐含层神经元的阈值在计算过程中随机产生，然后利用矩阵广义逆的计算思想求出该网络的输出权值[165]。所以，ELM 算法与其他神经网络算法相比，参数设置更简单，而且它还具有学习速度快、泛化性能强、易于实现、易于学习、有良好的全局搜索能力的特征。在当下的大数据时代，日常处理的数据量不断增大，促使 ELM 算法与信息时代紧密结合，已然成为大数据和人工智能等领域的研究热点[166-168]。

10.5　模型应用与评价

本书利用洛河流域长水水文站 1960—2016 年水文气象数据，方案一以 1960—2009 年 50 年的最低气压（hPa）、降水量（mm）、平均气压（hPa）、平均 2min 风速（m/s）、平均气温（℃）、平均最高气温（℃）、日降水量大于等于 0.1mm 日数、最大风速（m/s）作为预报因子，方案二以月日照百分率（%）、降水量（mm）、极大风速（m/s）、平均气温（℃）、最高气压（hPa）

作为预报因子，构建 ELM 预测模型，对洛宁县年径流变化规律进行了实例研究，以此探讨 ELM 模型在径流预测上的适用性。通过对所选定的 1960—1999 年洛宁县水文气象相关指标数据进行 ELM 算法训练，得到 ELM 预测模型，同时利用 2000—2009 年数据进行 ELM 算法检验，由检验结果可知 ELM 预测模型的预测精度较高，体现了 ELM 模型在径流预测具有较好的适用性。2010—2016 年径流量模拟结果见表 10.1，2010—2016 年径流量预测结果见表 10.2。同样，为了更简单清晰地分析该模型的预测结果，将长水水文站 2000—2009 年的实测径流量和 ELM 模型预测径流量数据拟合图反映成折线图的形式，如图 10.1 和图 10.2 所示。

表 10.1　　基于 ELM 算法的年径流模拟结果

方案	年份	径流/亿 m^3		相对误差/%	是否合格
		实测值	预测值		
方案一	2000	3.219997	3.52595	9.501667	合格
	2001	1.62597	1.618847	−0.43809	合格
	2002	2.474824	2.92649	18.25041	合格
	2003	13.65441	16.51888	20.97828	不合格
	2004	2.976515	2.711185	−8.91409	合格
	2005	7.183236	6.670889	−7.13253	合格
	2006	3.665485	3.249629	−11.3452	合格
	2007	5.896532	5.976938	1.363611	合格
	2008	1.641928	1.402231	−14.5985	合格
	2009	4.491979	3.67391	−18.2118	合格
方案二	2000	3.219997	3.241911	0.680565	合格
	2001	1.62597	1.004321	−38.2325	不合格
	2002	2.474824	3.625804	46.50751	不合格
	2003	13.65441	15.83495	15.96942	合格
	2004	2.976515	2.393919	−19.5731	合格
	2005	7.183236	5.977497	−16.7854	合格
	2006	3.665485	4.527092	23.50595	不合格
	2007	5.896532	5.247551	−11.0061	合格
	2008	1.641928	1.372907	−16.3845	合格
	2009	4.491979	5.885728	31.0275	合格

表 10.2　　**基于 ELM 算法的年径流预报结果**

方案	年份	径流/亿 m³		相对误差/%	是否合格
		实测值	预测值		
方案一	2010	7.637872	9.071488	18.76983	合格
	2011	9.001624	10.71524	19.03673	合格
	2012	3.43745	4.522081	31.55337	不合格
	2013	2.975594	2.61109	−12.2498	合格
	2014	5.427734	6.438714	18.6262	合格
	2015	3.582622	3.987195	11.29266	合格
	2016	1.89859	2.124988	11.92453	合格
方案二	2010	7.637872	6.304929	−17.4518	合格
	2011	9.001624	10.53385	17.02162	合格
	2012	3.43745	5.088381	48.0278	不合格
	2013	2.975594	3.488321	17.23106	合格
	2014	5.427734	8.081975	48.90147	不合格
	2015	3.582622	3.50218	−2.24535	合格
	2016	1.89859	1.5904	−16.2326	合格

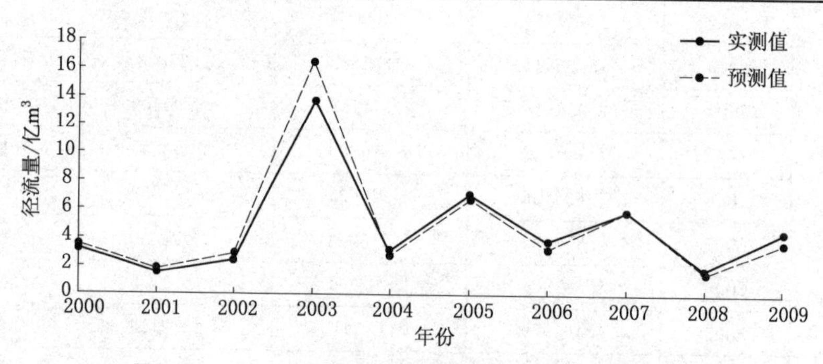

图 10.1　ELM 模型预测径流量数据拟合图（方案一）

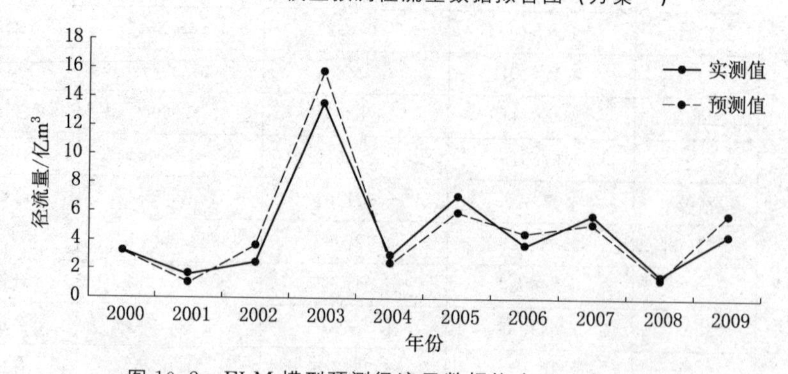

图 10.2　ELM 模型预测径流量数据拟合图（方案二）

由表10.1可以看出，关于长水水文站2000—2009年预测效果评定，共计10年年径流量预报，基于方案一的预测结果，预报径流量与实测径流量的相对误差大于20%的预报存在1年，基于方案二的预测结果，预报径流量与实测径流量的相对误差大于20%的预报存在3年。由此可知基于方案一的ELM模型2000—2009年的年径流量预报合格率为90%，预报效果很好，优于基于方案二的ELM预测模型，预报合格率为70%。由表10.2可以看出，长水水文站2010—2016年预报效果评定，共计7年年径流量预报中，方案一存在1年径流预报误差大于20%，方案二存在3年径流预报误差大于20%。

10.6 本章小结

本章首先对ELM算法进行了介绍，然后讲述了ELM算法的原理和特点，最后建立了基于ELM算法的径流预报模型。与第8章相同，将数据集分为3段，测试结果显示基于ELM算法的年径流预测合格率为90%。对比3种模型的拟合效果，BP神经网络与ELM算法在精度、稳定性、泛化能力和理论基础上都要优于线性回归模型，在一定程度上表明ELM算法与BP神经网络算法比多元线性回归模型更适用于中长期径流预报。而且从预报因子选取的不同得到不同的预测结果得知，预报因子的筛选对径流预报的精度起到至关重要的作用，本章研究表明基于相关系数法筛选的预报因子比主成分分析法筛选的预报因子更适用。

第11章 基于马尔可夫链校正模型的径流预测

11.1 马尔可夫链校正模型

马尔可夫过程是一种较普遍的随机过程，其特点是无后效性。它可以根据初始状态推求未来某一时刻状态概率转移矩阵，进而得到该时刻的状态[169]。马尔可夫过程的统计特性由转移概率和初始分布确定。其建模过程为：

(1) 基于相对误差的绝对值分布情况划分状态区域。

(2) 确定转移概率矩阵 $P^{(1)}$，表达式为

$$P^{(1)}=\begin{bmatrix} p_{11} & p_{12} & \cdots & p_{1m} \\ p_{21} & p_{22} & \cdots & p_{2m} \\ \vdots & \vdots & \vdots & \vdots \\ p_{m1} & p_{m2} & \cdots & p_{mm} \end{bmatrix} \tag{11.1}$$

式中，p_{ij} 为一步转移概率，表示从 t_n 时刻状态 a_i 经过一步转移到 t_{n+1} 时刻状态的概率。$p_{ij}=P\ (X_{n+1}=a_j/X_n=a_i)$，$0\leqslant p_{ij}\leqslant 1$，$\sum_{j=1}^{n} p_{ij}=1$，$(i,\ j=1,\ 2,\ \cdots,\ m$；$n$ 为正整数)。

(3) 将转移概率矩阵 $P^{(1)}$ 代入[170-171]，可得

$$P_{t+1}=P_0\ [P^{(1)}]^{t+1} \tag{11.2}$$

式中：P_0 为初始时刻的无条件概率分布；P_{t+1} 为 $t+1$ 时刻的概率分布；$P^{(1)}$ 为一步转移概率矩阵。

核心是确定转移概率，即确定不同状态区间的影响程度，将影响程度最大的概率用于计算，从而缩短预测区间，实现数据波动较大的预测。最终预测值的确定方法有多种，本书引入龙浩等[172]利用马尔可夫链提高隧道围岩位移预测精度过程中使用的公式，即

$$y=\hat{y}\left[1\pm\left(\frac{a_i+b_i}{2}\right)\%\right] \tag{11.3}$$

式中：y 为最终预测值；$\hat{y}$ 为初步预测值；a_i、b_i 分别为状态区间上、下限。

11.2 应用实例

11.2.1 基于马尔可夫链校正的多元线性回归预测

第 8 章针对洛河流域利用多元线性回归模型得到了基于方案一与方案二的多元线性回归方程，接下来以基于方案一的多元线性回归模型为例，将 1960—2005 年的气象数据代入基于方案一得到的多元线性回归模型，并经计算得到 1960—2005 年径流预测相对误差，结果见表 11.1。

表 11.1 1960—2005 年基于多元线性回归模型的预测结果

年份	实测/亿 m^3	预测/亿 m^3	残差	相对误差/%
1960	10.892	9.627375	1.26	11.61058
1961	13.66	17.38778	(3.73)	−27.2897
1962	10.58	12.76021	(2.18)	−20.5955
1963	15.14	13.85007	1.29	8.520045
1964	37.62	27.91517	9.70	25.78911
1965	17.99	10.44068	7.55	41.96396
1966	8.50	7.052764	1.45	17.01654
1967	12.67	14.60269	(1.93)	−15.245
1968	15.24	11.37862	3.86	25.33711
1969	9.54	10.76945	(1.23)	−12.84
1970	10.87	10.48938	0.38	3.537101
1971	10.41	11.34725	(0.94)	−9.00334
1972	6.71	9.552715	(2.84)	−42.3441

续表

年份	实测/亿 m^3	预测/亿 m^3	残差	相对误差/%
1973	6.11	12.0538	(5.95)	−97.3444
1974	9.80	16.40235	(6.60)	−67.3539
1975	17.87	15.19274	2.68	14.98185
1976	9.01	11.15789	(2.15)	−23.9077
1977	6.14	4.946896	1.19	19.41853
1978	6.50	5.921891	0.57	8.837882
1979	7.76	8.708821	(0.95)	−12.2705
1980	7.17	7.970886	(0.80)	−11.1699
1981	7.25	8.305318	(1.06)	−14.5561
1982	12.30	8.593741	3.71	30.13219
1983	20.90	14.45026	6.45	30.85999
1984	19.00	15.63749	3.36	17.69742
1985	11.10	8.33674	2.76	24.89425
1986	1.32	3.274491	(1.95)	−148.067
1987	7.50	5.607729	1.89	25.2303
1988	8.19	7.222981	0.97	11.80736
1989	8.23	10.01775	(1.78)	−21.6632
1990	3.51	5.799357	(2.29)	−65.1768
1991	1.56	1.646227	(0.08)	−5.39248
1992	3.79	7.643428	(3.85)	−101.461
1993	5.40	9.116713	(3.72)	−68.953
1994	6.37	5.158923	1.21	18.98682
1995	2.24	2.846816	(0.61)	−27.0334
1996	4.98	11.65388	(6.67)	−133.779
1997	4.54	−0.86136	5.40	118.9935
1998	6.97	8.563323	(1.60)	−22.9302
1999	2.26	2.625479	(0.36)	−16.0689
2000	3.22	6.231187	(3.01)	−93.5153
2001	1.63	3.485041	(1.86)	−114.336
2002	2.47	3.293257	(0.82)	−33.0703
2003	13.65	13.53235	0.12	0.893968
2004	2.98	6.847047	(3.87)	−130.036
2005	7.18	4.256133	2.93	40.74908

根据多元线性回归模型拟合长水水文站1960—2005年径流量的相对误差的绝对值分布情况，划分马尔可夫状态区域为：[0，20%）为状态1，[20%，40%）为状态2，[40%，70%）为状态3，[70%，150%）为状态4，然后利用多元线性回归模型的误差序列进行状态划分，划分结果见表10.2。

表11.2　　1960—2005年状态区间划分

年份	状态	年份	状态	年份	状态	年份	状态	年份	状态
1960	1	1970	1	1980	1	1990	3	2000	4
1961	2	1971	1	1981	1	1991	1	2001	4
1962	2	1972	3	1982	2	1992	4	2002	2
1963	1	1973	4	1983	2	1993	3	2003	1
1964	2	1974	3	1984	1	1994	1	2004	4
1965	3	1975	1	1985	2	1995	2	2005	3
1966	1	1976	2	1986	4	1996	4		
1967	1	1977	1	1987	2	1997	4		
1968	2	1978	1	1988	1	1998	2		
1969	1	1979	1	1989	2	1999	1		

根据状态划分情况确定一步转移概率矩阵为

$$P^{(1)}=\begin{bmatrix}0.368 & 0.421 & 0.053 & 0.158\\ 0.538 & 0.154 & 0.154 & 0.154\\ 0.833 & 0 & 0 & 0.167\\ 0 & 0.375 & 0.375 & 0.250\end{bmatrix} \tag{11.4}$$

运用MATLAB软件将转移概率矩阵$P^{(1)}$代入式（11.2），得到2006—2016年的概率分布情况，见表11.3。

表11.3　　2006—2015年预测结果状态分布情况

状态	1	2	3	4
2006	0.421053	0.368421	0.052632	0.157894737
2007	0.279113	0.406314	0.143378	0.171194687
2008	0.419468	0.278218	0.128523	0.173790364
2009	0.284592	0.411453	0.130051	0.173902753
2010	0.173901	0.282241	0.130652	0.413206352

续表

状态	1	2	3	4
2011	0.413087	0.282616	0.130382	0.173915306
2012	0.413019	0.282629	0.130439	0.17391276
2013	0.413049	0.282602	0.130437	0.173912973
2014	0.413043	0.28261	0.130434	0.173913081
2015	0.130435	0.282609	0.413043	0.173913035
2016	0.413044	0.282609	0.130435	0.173913044

最后，将表 11.3 的概率分布情况代入最终预测公式，式（11.3）得到最终预测结果，见表 11.4。

表 11.4　　基于马尔可夫链的多元线性回归预测结果

年份	实测值/亿 m^3	多元线性回归模型		马尔可夫链校正	
		预测/亿 m^3	相对误差/%	预测/亿 m^3	相对误差/%
2006	3.67	3.78	−3.17	3.40	7.15
2007	5.90	4.53	23.17	5.89	0.12
2008	1.64	1.893	−15.29	1.70	−3.76
2009	4.49	7.59	−68.87	5.31	−18.21
2010	7.64	2.28	70.16	4.79	37.35
2011	9.00	8.87	1.46	9.76	−8.39
2012	3.44	2.83	17.54	3.12	9.29
2013	2.98	3.49	−17.21	3.14	−5.49
2014	5.43	5.94	−9.52	5.35	1.43
2015	3.58	6.32	−76.45	2.84	20.60
2016	1.90	2.26	−19.03	2.03	−7.13

根据表 11.4 预测结果可以看出，2006—2016 年共计 11 年的预测结果中，基于方案一的多元线性回归预测有 4 年不合格，且在 2015 年相对误差高达 −76.45%，2006—2016 年的平均相对误差为 29.26%；基于马尔可夫链的多元线性回归预测有 2 年不合格，且最高相对误差为 37.35%，2006—2016 年的平均相对误差为 10.81%。不管是从最高相对误差还是从平均相对误差来看，基于马尔可夫链的多元线性回归模型预测精度要优于基于单预测模型的多元线性回归模型。

11.2.2　基于马尔可夫链的 BP 神经网络预测

第 9 章针对洛河流域利用 BP 神经网络模型，得到了基于方案一与方案二的 1960—2005 年径流预测结果，接下来以基于方案一的 BP 神经网络模型为例，并根据实测值与预测值计算得到 1960—2005 年径流预测相对误差，结果见表 11.5。

表 11.5　　1960—2005 年基于 BP 神经网络模型的年径流预测结果

年份	实测/亿 m^3	预测/亿 m^3	残差	相对误差/%
1960	10.892	7.885051	3.01	27.60695
1961	13.66	13.4381	0.22	1.624445
1962	10.58	10.07549	0.51	4.777499
1963	15.14	16.45332	(1.31)	−8.67448
1964	37.62	36.7127	0.90	2.401361
1965	17.99	15.15548	2.83	15.75607
1966	8.50	6.125878	2.37	27.92237
1967	12.67	12.31276	0.36	2.827266
1968	15.24	9.007819	6.23	40.89358
1969	9.54	11.44402	(1.90)	−19.9081
1970	10.87	6.905607	3.97	36.49433
1971	10.41	5.060577	5.35	51.38735
1972	6.71	6.528161	0.18	2.724466
1973	6.11	10.82447	(4.72)	−77.2179
1974	9.80	12.08039	(2.28)	−23.2568
1975	17.87	16.9039	0.97	5.406276
1976	9.01	12.27606	(3.27)	−36.325
1977	6.14	4.693363	1.45	23.54842
1978	6.50	7.671936	(1.18)	−18.1025
1979	7.76	8.019769	(0.26)	−3.38751
1980	7.17	8.273075	(1.10)	−15.3845
1981	7.25	7.976678	(0.73)	−10.0232
1982	12.30	8.996541	3.30	26.85739

续表

年份	实测/亿 m^3	预测/亿 m^3	残差	相对误差/%
1983	20.90	13.0439	7.86	37.58901
1984	19.00	19.36823	(0.37)	−1.93801
1985	11.10	10.66896	0.43	3.883299
1986	1.32	1.574566	(0.25)	−19.2853
1987	7.50	7.462042	0.04	0.506142
1988	8.19	7.301398	0.89	10.8499
1989	8.23	8.523673	(0.29)	−3.51798
1990	3.51	4.176991	(0.67)	−18.9687
1991	1.56	2.187497	(0.63)	−40.0449
1992	3.79	4.559427	(0.77)	−20.1747
1993	5.40	6.928049	(1.53)	−28.3922
1994	6.37	8.639092	(2.27)	−35.664
1995	2.24	3.727685	(1.49)	−66.3404
1996	4.98	5.978136	(0.99)	−19.9225
1997	4.54	3.920957	0.61	13.54018
1998	6.97	7.886326	(0.92)	−13.2116
1999	2.26	2.49847	(0.24)	−10.4541
2000	3.22	3.854239	(0.63)	−19.697
2001	1.63	2.129218	(0.50)	−30.9506
2002	2.47	3.244816	(0.77)	−31.113
2003	13.65	12.58327	1.07	7.844637
2004	2.98	3.439106	(0.46)	−15.5414
2005	7.18	7.442966	(0.26)	−3.61579

根据 BP 神经网络模型，拟合长水水文站 1960—2005 年径流量的相对误差的绝对值分布情况，划分马尔可夫状态区域为：［0，10%）为状态 1，［10%，30%）为状态 2，［30%，50%）为状态 3，［50%，90%）为状态 4；然后利用 BP 神经网络模型的误差序列进行状态划分，划分结果见表 11.6。

表 11.6 **1960—2005 年状态区间划分**

年份	状态	年份	状态	年份	状态	年份	状态	年份	状态
1960	2	1970	3	1980	2	1990	2	2000	2
1961	1	1971	4	1981	2	1991	3	2001	3
1962	1	1972	1	1982	3	1992	2	2002	3
1963	1	1973	4	1983	3	1993	2	2003	1
1964	1	1974	2	1984	1	1994	3	2004	2
1965	2	1975	1	1985	1	1995	4	2005	1
1966	2	1976	3	1986	2	1996	2		
1967	1	1977	2	1987	1	1997	2		
1968	3	1978	2	1988	2	1998	2		
1969	2	1979	1	1989	1	1999	2		

根据状态划分情况确定一步转移概率矩阵为

$$P^{(1)}=\begin{bmatrix}0.286 & 0.429 & 0.214 & 0.071\\ 0.35 & 0.4 & 0.25 & 0\\ 0.222 & 0.334 & 0.222 & 0.222\\ 0.333 & 0.667 & 0 & 0\end{bmatrix} \tag{11.5}$$

运用 MATLAB 软件将转移概率矩阵 $P^{(1)}$ 代入式（11.2），得到 2006—2016 年的概率分布情况，见表 11.7。

表 11.7 **2006—2015 年预测结果状态分布情况**

年份	状态			
	1	2	3	4
2006	0.35	0.4	0.25	0
2007	0.295555556	0.393333333	0.230555556	0.080555556
2008	0.300197531	0.414555556	0.212901235	0.072345679
2009	0.302291779	0.413675838	0.215278317	0.068754066
2010	0 301913271	0.412619438	0.216035395	0.069431896
2011	0.301829569	0.412738906	0.215858426	0.069573099
2012	0.301855209	0.412785967	0.21583103	0.069527794
2013	0.301857816	0.412776444	0.215842202	0.069523538
2014	0.301856292	0.412774639	0.215842863	0.069526206
2015	0.301 856261	0.412775263	0.215842231	0.069526244
2016	0.301856343	0.412775314	0.215842241	0.069526102

最后，将表 11.7 的概率分布情况代入最终预测公式得到最终预测结果，见表 11.8。

表 11.8　基于马尔可夫链的多元线性回归预测结果

年份	实测值/亿 m^3	BP 神经网络模型		马尔可夫链校正	
		预测/亿 m^3	相对误差/%	预测/亿 m^3	相对误差/%
2006	3.67	4.81	31.27	3.85	5.01
2007	5.90	6.93	17.49	5.54	6.01
2008	1.64	2.29	39.69	1.83	11.75
2009	4.49	5.38	19.79	4.30	4.17
2010	7.64	9.08	18.86	7.26	4.92
2011	9.00	9.54	5.95	7.63	15.24
2012	3.44	4.11	19.65	3.29	4.28
2013	2.98	3.90	31.04	3.12	4.83
2014	5.43	6.50	19.70	5.20	4.24
2015	3.58	4.21	17.63	3.37	5.90
2016	1.90	2.22	16.86	1.77	6.51

根据表 11.8 预测结果，可以看出 2006—2016 年共计 11 年的预测结果中，基于方案一的 BP 神经网络预测有 3 年不合格，且在 2008 年相对误差高达 39.69%，2006—2016 年的平均相对误差为 21.63%；基于马尔可夫链的多元线性回归预测每年都合格，合格率为 100%，2006—2016 年的平均相对误差为 6.62%。不管是从合格率还是从平均相对误差来看，基于马尔可夫链的 BP 神经网络模型预测精度要优于基于单项预测模型的 BP 神经网络模型。

11.3　本章小结

本章在前面章节的基础上，利用马尔可夫链对多元线性回归模型以及 BP 神经网络模型的预测结果进行线性修正。结果表明，经过马尔可夫链修正的模型预测结果精度均有很大的提升，其中，经过马尔可夫链修正的BP神经网络模型精度明显高于经过马尔可夫链修正的多元线性回归模型。马尔可夫链可以从线性角度有效提高水文模型精度，为水文预报提供了新的思路。

第12章 基于R/S灰色组合模型的中长期径流预报

径流变化是受降水、蒸发、自然地理条件和人为活动等多种因素综合作用的结果，具有明显的非线性特征[173]。自20世纪以来，非线性科学已逐步成为自然科学发展和进步的主要标志，其中分形理论是非线性科学的重要理论之一[174]。灰色特征是径流变化中明显的特征。灰色理论自20世纪80年代开始应用于我国的径流预测，取得了丰富的成果。研究发现，由于径流波动性较大，变化较为明显，仅用单一的灰色模型进行预测往往会得到与实际情况不符的结果，误差很大。针对径流的过程具有分形和灰色的共同特征，同时为了克服径流序列长时间数据和波动性较大而造成的拟合差、精度低的缺点，提高灰色预测模型在径流预报中的可靠性，基于R/S分析法能提供有效的非线性预测，一些研究学者将R/S分析与灰色理论相结合，提出了R/S灰色预测组合模型来预报河川径流量，对灰色模型进行改进，使其性能得到进一步提升，预测效果较好。例如，韩振英等[175]利用R/S灰色组合模型对窟野河进行了径流预测，预测精度达到80%以上；李建林等[176]利用R/S灰色组合模型对黑河出山径流量进行了预测，预测结果的精度高于直接进行灰色模型预测的精度。鉴于此，本章采用R/S灰色组合模型对洛河流域年径流量进行预测研究，以期进一步提高中长期径流预测精度。

12.1 R/S灰色预测模型原理

12.1.1 R/S分析法

R/S分析法可以从分形时间序列中分辨出随机序列和非随机序列，为径流过程的复杂性演变提供一种有效的非线性科学预测方法。通过Hurst指数可以判断径流时间序列的分形结构和状态持续性[177-178]。

研究一个非随机过程序列，一定要满足

$$R(n)/S(n)=(an)^H \tag{12.1}$$

式中：$R(n)/S(n)$为重标极差；a为常数；n为增量区间长度；$H(0\leqslant H\leqslant 1)$为Hurst指数。其中，$R(n)/S(n)=(R/S)_n$，即满足$\ln(R/S)_n=H\ln a+H\ln n$，说明研究的时间序列存在Hurst现象。

把$\ln n$当作自变量，$\ln(R/S)$当作应变量，作散点图，用最小二乘法拟合直线，直线的斜率就是Hurst指数。当$0<H<0.5$时，径流序列具有状态反持续性，即未来与过去呈现相反的变化趋势，越接近0，序列的反持续性程度越强；当$H=0.5$时，径流序列是随机不相关的；当$0.5<H<1$时，径流序列具有状态持续性，即未来与过去呈现相同的变化趋势，越接近1，序列的持续性程度越强[179]。

12.1.2 平均循环周期

在计算径流序列平均循环周期时，为了更好地表述，引入统计量$V(t)$：

$$V(t)=(R/S)/\sqrt{t} \tag{12.2}$$

$V(t)$不仅可用来验证R/S的稳定性，同时又可用于确定样本是否存在循环周期以及估计周期的时间长度。对于独立随机的样本序列，$V(t)$-$\ln t$曲线是平坦的；对于具有状态持续性即$H>0.5$的序列，$V(t)$-$\ln t$曲线向上倾斜；反之，$V(t)$-$\ln t$曲线向下倾斜。当$V(t)$-$\ln t$曲线上的随$V(t)$变化趋势发生改变，即曲线出现明显转折时，历史状态对未来状态的影响消失，此时样本序列的平均循环周期就是曲线上对应的时间跨度 n。在具体拟合过程中，$V(t)-\ln t$ 曲线常会出现多个转折点，此时，遵循 H 值最大且拟合度较高的原则选择突变点作为序列的平均周期。

12.1.3　基本灰色 GM（1，1）模型

根据灰色理论，随机变量是在一定序列时间和范围内变化的灰色变量。对于灰色变量，不是寻求它们的统计规律，而是通过特定的方法对数据进行处理，弱化它们的波动性，然后提取中间信息，形成有规律的时间序列，最终建立模型。

基于灰色系统理论构建基本 GM（1，1）灰色预测模型如下[180-181]：

设径流原始序列为

$$X^{(0)}(k)=\{X^{(0)}(1),X^{(0)}(2),\cdots,X^{(0)}(n)\} \tag{12.3}$$

对$X^{(0)}(k)$作一次累加，得到

$$X^{(1)}(k)=\{X^{(1)}(1),X^{(1)}(2),\cdots,X^{(1)}(n)\} \tag{12.4}$$

式中：$X^{(1)}=\sum_{i=1}^{k}X^{(0)}(I),k=1,2,\cdots,n$。

对$X^{(0)}$建立 GM（1，1）模型的一阶微分方程，即

$$\frac{\mathrm{d}x^{(1)}}{\mathrm{d}t}+ax^{(1)}=u \tag{12.5}$$

应用最小二乘法原理，求解模型参数 a，u ，从而求得微分方程，即

$$x(1)(k+1)=[x^{(0)}(1)-u/a]\mathrm{e}^{-ak}+u/a \tag{12.6}$$

方程（12.6）是经过累加之后径流序列的预测方程，因而经过累减还原可以得到原始数据序列的预测值，即

$$\begin{cases}\hat{x}^{0}=x^{(0)}(1)\\ \hat{x}^{0}(k+1)=[x^{(0)}(1)-u/a](1-\mathrm{e}^{a})+u/a\end{cases} \tag{12.7}$$

12.1.4　模型精度检验

在灰色系统水文预报中残差检验法是经常被用到的检验方法，把预测的径

流量值和实测值之间的误差值分别进行逐个检验，通过预测年份每个点的相对残差值，求出整个预测模型的精度值[182]。

求得预测值序列为

$$\hat{X}^{(0)}(k)=\{\hat{x}^{(0)}(1),\hat{x}^{(0)}(2),\cdots,\hat{x}^{(0)}(n)\} \tag{12.8}$$

则平均相对残差为

$$\bar{\delta}=\frac{1}{n}\sum_{k=1}^{n}\frac{\left|x^{(0)}(k)-\hat{x}^{(0)}(k)\right|}{x^{(0)}(k)} \tag{12.9}$$

其精度为

$$P=1-\bar{\delta} \tag{12.10}$$

若 $P\geqslant 80\%$，则模型通过残差检验；若 $P<80\%$，则需要对模型进行修正，使之满足精度要求后再进行预测。

12.1.5 R/S灰色组合模型预测步骤

通过R/S分析，确定径流序列的变化周期 T；在一个周期内进行灰色预测，所得模型即为R/S灰色预报模型。T 是径流量序列的平均周期，即第 i 年径流量的值会影响到第 $i+T-1$ 年的径流量，而对再往后的径流量影响甚微，可以忽略。所以，R/S灰色预测的具体步骤如下：

第一步：进行径流序列分析，求解出 Hurst 指数 H 及径流序列平均循环周期 T。

第二步：当径流序列平均周期为 $T=N$，则第 i 年径流量值影响到第 $i+N-1$ 年。

第三步：选取序列中连续（$N-1$）年径流量作为初始值，记作 $Q=(q_1, q_2, \cdots, q_{N-1})$，对子序列 Q 进行灰色预测，模型精度大于 80%即通过残差检验，否则要进行模型修正，直到 $P>80\%$。

第四步：取（q_1，q_2，…，q_{N-1}）为初始值，预测第 N 年径流量 q_N，以（q_2，q_3，…，q_{N-1}）及 q_N 为初始值，预测第（$N+1$）年径流量 q_{N+1}，预测过程见式（12.3）～式（12.7），式（12.8）～式（12.10）为模型检验过程，精度大于 80%时模型精度满足使用要求。

12.2　实例应用

12.2.1　径流序列的 R/S 分析

对长水水文站的年径流量序列进行 R/S 分析，并作出 ln$t$ 与 ln(R/S)拟合图（图 12.1），由图可知，长水水文站年径流量 ln$t$ 与 ln(R/S)关系式为：$y=0.8643x-0.8459$，$R^2=0.9466$。Hurst 指数为 0.8643，大于 0.5，说明年径流序列有持续性，由第 4 章的分析可知，径流量有下降趋势，故洛河流域长水水文站年径流量在未来具有持续减小趋势。

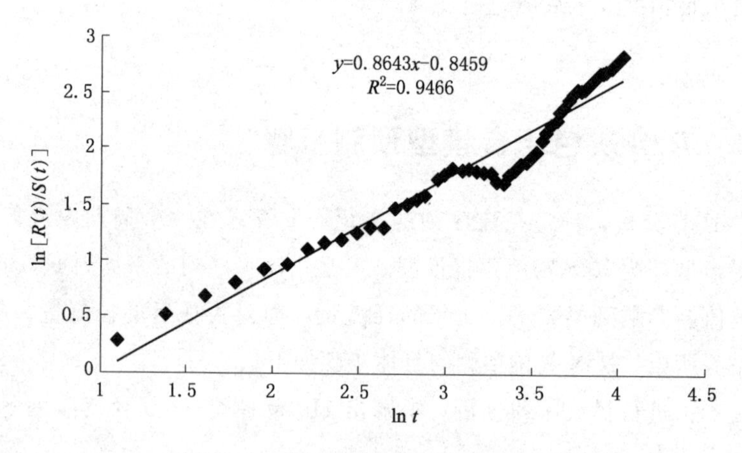

图 12.1　洛河流域年径流量 R/S 分析

12.2.2　平均循环周期

对序列进行平均周期计算时 $V(t)$- ln$t$ 曲线经常会出现多个转折点，对 ln(R/S)- ln$t$曲线拟合，选择 Hurst 指数最大且拟合度较高的突变点，其对应的 t 值即为径流序列的平均循环周期如图 12.2 所示。因此，经过计算可知，长水水文站年径流量序列周期为 21 年。

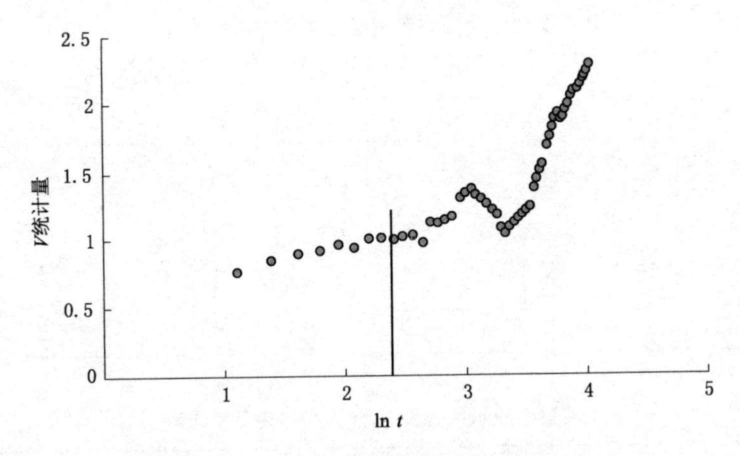

图 12.2 洛河流域年径流量序列周期分析

12.2.3 R/S 灰色组合模型预测分析

按照模型计算步骤对径流量进行预测（用长水水文站 2011—2016 年的径流量作为预测值）。由已知分析结果计算得到的平均循环周期 $T=21$ 年，故取 1991—2010 年（共 20 年）的实测径流量作为初始值，首先进行模型模拟效果检验，精度为 83.24%，满足要求，说明利用 R/S 灰色预测模型预测洛河流域年径流量是可行的。

按照式（12.3）～式（12.7），通过模型程序计算 2011—2016 年径流量预测结果见表 12.1，在总共 6 年的径流量预报中有 4 年是合格的，预测结果的合格率为 66.67%，其中 2011—2016 年平均相对误差为 18.42%，精度达到了 81.58%。同时，将 1961—2010 年的实测径流数据作为灰色预测模型的基础数据，直接预测洛河流域 2011—2016 年的径流量值，预测结果见表 12.2，直接采用灰色模型进行预报，预报合格率极差，2011—2016 年平均相对误差为 46.17%，精度为 53.83%，表明因为径流量实测数据序列整体变化波动较大，直接采用灰色模型预报精度极差，结果不能令人满意。由表 12.1 和表 12.2 可知，两种预报模型的预报结果相差 27.75%，说明在对洛河流域进行年径流量预报时，R/S 灰色组合模型预报精度高于单一的灰色预测模型。

表 12.1　　R/S 灰色组合模型预测径流量值与实际值比较

	年份	实测值/亿 m^3	预测值/亿 m^3	相对误差/%	是否合格
R/S 灰色组合模型	2011	9.00	8.50	5.55	合格
	2012	3.44	4.74	37.79	不合格
	2013	2.98	2.34	21.48	不合格
	2014	5.43	6.42	18.23	合格
	2015	3.58	4.26	18.99	合格
	2016	1.89	2.05	8.47	合格

表 12.2　　灰色系统模型预测径流量值与实际值比较

	年份	实测值/亿 m^3	预测值/亿 m^3	相对误差/%	是否合格
灰色系统模型	2011	9.00	5.64	37.33	不合格
	2012	3.44	5.31	54.36	不合格
	2013	2.98	5.12	71.81	不合格
	2014	5.43	4.80	11.60	合格
	2015	3.58	4.61	28.77	不合格
	2016	1.90	3.29	73.16	不合格

12.3　本章小结

本章首先介绍了 R/S 灰色组合模型的应用背景、基本原理；然后对洛河流域长水水文站的径流时间序列进行 R/S 分析，计算出 Hurst 指数 H 和循环周期 T；最后在周期 T 内通过运用灰色理论模型对径流序列进行预测。结果表明：基于 R/S 灰色组合模型对 2011—2016 年径流量进行预测结果精度达到 81.58%，而由单一灰色理论模型预测结果精度为 53.83%；同时和岭回归分析模型相比，精度较高，说明在对洛河流域进行年径流量预测时，R/S 灰色组合模型预报精度高于单一的灰色系统模型。

第13章 基于小波包分解的LS－SVM－ARIMA组合径流预测

13.1 小波包分解的LS－SVM－ARIMA组合模型原理

13.1.1 小波包分解

小波包分解（wavelet packet decomposition，WPD）是在小波基础上发展起来的一种更精细的信号分解方法，本质上是对小波分解所得到的高频信号进行进一步分解，对信号的高频部分的分辨率要好于小波分解（wavelet transform），而且这种分解既无冗余，也无疏漏。理论上，信号被小波包分解为3层就能够提取信号中有效信息，逼近任意非线性函数，从而解决实际问题。

对于本书要进行的降水预测研究，信号$Y(0,0)$即为历史降水数据，经小波包3层分解映射到2^3个子空间中，如图13.1所示，图中从左至右频率由低到高。

13.1.2 LS－SVM模型

最小二乘支持向量机（LS－SVM）是标准支持向量机（SVM）的简化与改进模型，规避了复杂的二次规划求解，计算复杂程度更小；收敛速度更

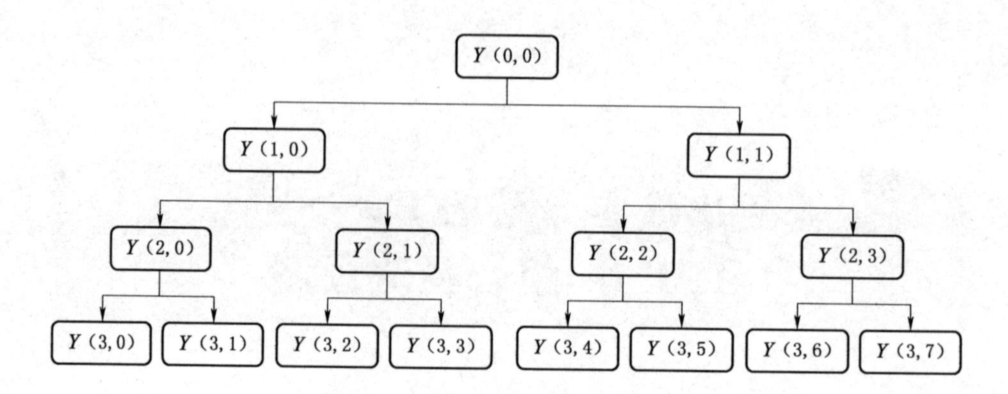

图 13.1　小波包分解层次结构图

快[183]。原理如下[184-185]。

假设有 n 组数据点，样本集 $S=\{(x_1,y_1)$，…，(x_i, y_i)，$x_i\in R^n$，$y_i\in R\}_{i=1}^{l}$，其中，l 为样本数量，x_i 为输入向量，y_i 为相应的输出值。接着构造样本集的线性回归函数

$$f(x)=w^{\mathrm{T}}\phi(x)+b \tag{13.1}$$

式中：w 为权值向量；$w_i\in R^n$，T 为转置符号；b 为偏置常量，$b\in R$；$\phi(x)$为解决非线性问题的核函数。

基于结构风险最小化的原则，定义优化问题为

$$\min J_{LS}(\omega,\xi)=\frac{1}{2}\|w\|^2+\frac{1}{2}\gamma\sum_{i=1}^{t}\xi_i^2 \tag{13.2}$$

式中：$\|w\|^2$ 为模型复杂度；γ 为正规化参数，ξ 为误差项的第 i 个分量。

根据 Karush - Kuhn - Tucker 条件和 Mercer 条件，将 LS - SVM 的优化问题转化为求解线性方程，得到 x 时刻的 LS - SVM 预测模型的非线性回归方程

$$f(x)=\sum_{i=1}^{t}\alpha_i K(x,x_i)+b \tag{13.3}$$

其中

$$K(x_i,x_j)=\mathrm{e}^{-\frac{\|x_i-x_j\|^2}{2\sigma}} \tag{13.4}$$

式中：x 为支持向量，x_i 为第 i 个支持向量的输入，$f(x)$为预测输出值，$K(x,x_i)$为把样本映射到特征向量的核函数；σ 为径向基函数核的超参数。

13.1.3　PSO 算法

LS－SVM 预测精度主要受径向基函数核的超参数 σ 以及正规化参数 γ 的取值影响。采用粒子群优化算法（PSO）对其进行优选[186]。

算法原理：首先初始化一群随机粒子，即优化问题随机解，用位置、速度和适应度值 3 项指标表示该粒子特征。粒子根据式（13.5）和式（13.6）来更新自己的速度和位置，将其代入优化目标函数计算出相应的适应值来衡量 X_i^k 的优劣。在每一次迭代中，粒子通过个体极值 P_{best} 和群体极值 G_{best} 来更新自己

$$V_i^{k+1}=wV_i^k+c_1 rand()(P_{\text{best}}{}_i^k-X_i^k)+c_2 rand()(G_{\text{best}}{}_i^k-X_i^k) \tag{13.5}$$

$$X_i^{k+1}=X_i^k+V_i^{k+1} \tag{13.6}$$

式中：$i=0, 1, \cdots, N$，N 为粒子总个数；$k=0, 1, \cdots, M$，M 为最大迭代次数；V_i^k 为第 i 个粒子 k 次迭代时的速度；X_i^k 为第 i 个粒子 k 次迭代时的位置；w 为惯性因子；$rand$（）为（0，1）之间的随机数；c_1 和 c_2 为学习因子。

13.1.4　ARIMA 模型

差分整合移动平均自回归模型（autoregressive integrated moving arerage model，ARIMA），该模型可靠性高，模型简单，只需要考虑内生变量，但模型要求输入的时间序列数据必须是稳定的[187]，基本思想是：将预测对象随时间推移而形成的数据序列视为一个随机序列，并假定序列是平稳且线性变化，用一定的数学模型来近似描述这个序列，利用时间序列的过去值、现在值来预测未来值。通用数学表达式为[188]

$$\hat{y}_t=\varphi_1 y_{t-1}+\varphi_2 y_{t-2}+\cdots+\varphi_p y_{t-p}+\varepsilon_t-(\theta_1\varepsilon_{t-1}+\theta_2\varepsilon_{t-2}+\cdots+\theta_q t_{t-q}) \tag{13.7}$$

式中：$\hat{y}_t$ 为 t 时刻时间序列；φ_1、φ_2、…、φ_p 为自回归系数；θ_1、θ_2、…、θ_p 为滑动平均阶数；ε_t 为 t 时刻残差序列；p 为自回归阶数；q 为滑动平均阶数。

13.2　实例应用与评价

13.2.1　实例应用

本书采用洛宁县境内长水水文站 1976—2011 年径流数据，进行耦合模型建模；利用 2012—2016 年的年径流数据对组合模型的预测结果进行研究和分析。组合模型建模步骤如图 13.2 所示。

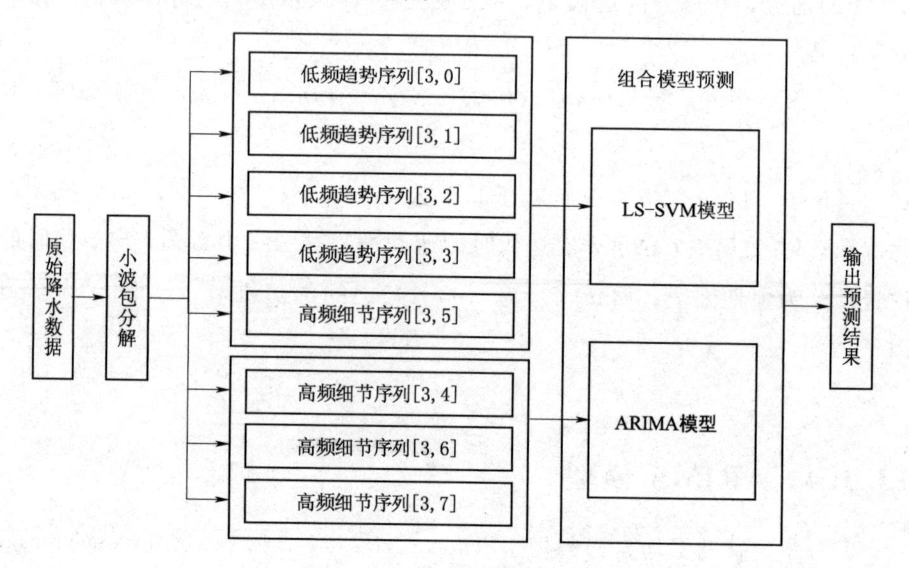

图 13.2　组合模型建模步骤

通过对分解后各时段序列分别建立模型，得出各序列预测值。长水水文站的径流序列的最终预测值是各分解序列预测值的线性叠加，即

$$\hat{y}=\hat{y}_{[3,0]}+\hat{y}_{[3,1]}+\hat{y}_{[3,2]}+\hat{y}_{[3,3]}+\hat{y}_{[3,4]}+\hat{y}_{[3,5]}+\hat{y}_{[3,6]}+\hat{y}_{[3,7]} \tag{13.8}$$

式中：$\hat{y}$ 为组合模型降水序列预测值；$\hat{y}_{[3,i]}$ 为 [3，i] 时段序列数据。

相对误差公式为

$$\delta=\frac{|y_i-\hat{y}_i|}{y_i}\times 100\% \tag{13.9}$$

式中：y_i 为预测结果对应年份的真实值；$\hat{y}_i$ 为预测值；$i=1$，2，3，4，5。

最终的组合模型预测结果见表 13.1。预测值与真实值对比如图 13.3 所示。

表 13.1 组合模型预测结果

年份	真实值/亿 m^3	[3, 0] 时段/亿 m^3	[3, 1] 时段/亿 m^3	[3, 2] 时段/亿 m^3	[3, 3] 时段/亿 m^3	[3, 4] 时段/亿 m^3	[3, 5] 时段/亿 m^3	[3, 6] 时段/亿 m^3	[3, 7] 时段/亿 m^3	预测值/亿 m^3	相对误差/%
2012	3.44	4.57	1.51	0.29	−0.36	−0.67	0.27	−1.60	−0.44	3.56	3.64
2013	2.98	4.36	0.96	−0.44	−0.65	0.59	−0.18	−1.23	−0.33	3.08	3.45
2014	5.43	4.15	0.27	−0.38	−0.64	−0.47	0.07	1.24	0.63	4.86	10.42
2015	3.58	3.89	−0.78	0.46	−0.31	0.34	0.02	0.98	−0.56	4.04	12.64
2016	1.90	3.62	−1.22	0.47	−0.02	−0.20	−0.05	−0.75	0.19	2.04	7.33
平均误差	—	—	—	—	—	—	—	—	—	—	7.50

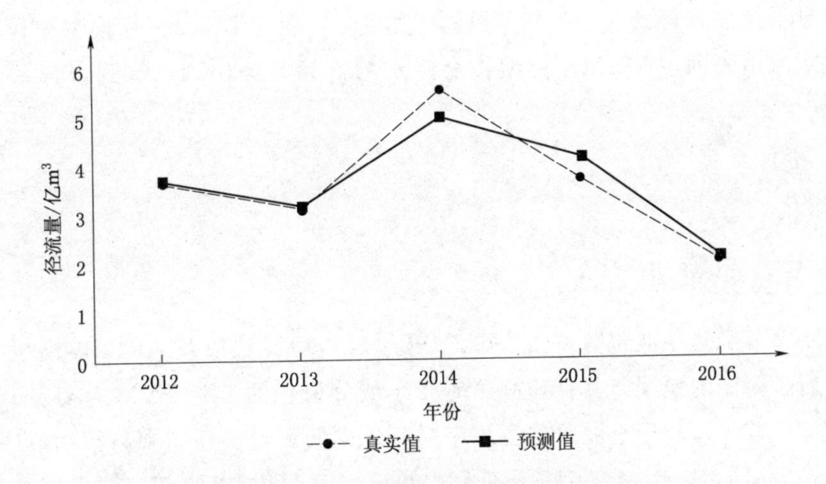

图 13.3 组合模型预测值与真实值对比图

引入均方根误差、平均绝对误差作为评价指标，衡量各模型年降水量预测的优劣。均方根误差（RMSE）公式、平均绝对误差（MAE）公式如下：

$$\mathrm{RMSE}=\sqrt{\frac{\sum_{i=1}^{n}(y_i-\hat{y}_i)^2}{n}} \tag{13.10}$$

$$\text{MAE}=\frac{\sum_{i=1}^{n}|y_i-\hat{y}_i|}{n} \tag{13.11}$$

式中：y_i 为预测结果对应年份的真实值；$\hat{y}_i$ 为预测值；$i=1$，2，3，4，5。

通过计算分析得出，通过组合模型预测的5年径流数据相对误差均小于20%，合格率为100%，均方根误差为0.34，平均绝对误差为0.28，结果令人满意。

13.2.2　评价

针对径流序列波动呈现多种变化趋势，使用小波分析不能有效提取径流数据中的全部信息，尤其是细节信息；单一模型进行径流预测也不能考虑其变动的全部趋势，往往只是侧重线性变化和非线性变化中的一种。提出了通过小波包分解径流序列得到8个不同频段的变化趋势，应用 LS - SVM 模型拟合降水的高频细节序列，ARIMA 模型拟合降水的低频趋势序列，得到组合预测的结果。

13.3　本章小结

本章分别对小波包分解、LSSVM 模型、PSO 算法以及 ARIMA 模型的原理进行了简要的说明，并且建立了基于小波分析包的 LS - SVM - ARIMA 耦合模型。首先，利用小波包将径流序列分解成低频趋势序列和高频细节序列；其次，应用 LS - SVM 模型预测低频趋势序列，ARIMA 模型预测高频细节序列；最后，将两个模型的预测结果叠加，得到长水水文站年径流量的预测值。通过实例应用，该耦合模型表现出了十分准确的预测能力，合格率有明显提高，相对误差、均方根误差、平均绝对误差明显减小。在洛河流域径流预测中表现良好，具有实践性。今后，基于该模型可更多地进行其他流域的适用性研究，以探索其他流域的适用性。

第14章 各水文模型适用性对比分析

14.1 各水文模型预报结果对比分析

通过第8～13章各水文模型的研究和应用，为分析各类模型的预报精度及其在长水水文站的适用性情况，本章将各个模型对长水水文站2011—2016年的年径流预测值进行对比分析，见表14.1。

表14.1 2011—2016年长水水文站各模型预测值 单位：亿m^3

年份	真实值	多元线性回归	BP神经网络	ELM算法	经马尔可夫链校正的BP	R/S	小波包
2011年	9.00	8.87	7.51	10.72	7.63	8.50	8.50
2012年	3.44	1.89	2.85	4.52	3.29	4.74	3.48
2013年	2.98	2.38	2.79	2.61	3.12	2.34	3.19
2014年	5.43	5.94	4.38	6.44	5.20	6.42	4.86
2015年	3.58	5.82	2.04	3.99	3.37	4.26	4.04
2016年	1.90	2.27	1.61	2.12	1.77	2.05	2.10

选择多元线性回归模型、ELM模型和基于小波包分解的LS－SVM－ARIMA组合模型的预测值与真实值，绘制对比图（图14.1），以便更加直观地分析各类水文模型在该水文站的适用性和预报的准确性。根据图14.1得出，3种水文模型中，基于小波包分解的LS－SVM－ARIMA组合模型的预测值与

真实值最接近，预报精度最高。多元线性回归模型在预报起始及终止年份上年径流预测精度较高，而预报区间内的年径流预报精度误差较大。在以后的研究和应用中可以结合其他模型或数据分析方法对多元线性回归模型进行改进和提高，以提高其预报精度。例如曹永强等[42]基于 Logistics 方程的多元回归径流预报模型在大伙房水库取得了合格率为 80％的预报精度；郦于杰等[189]在对汉江流域的黄庄站的月径流进行预报时，得到了基于遗传算法的支持向量机回归模型（GA－SVR）相对平均误差优于多元线性回归模型的结果。ELM 模型虽然有效地改善了 BP 神经网络模型的一些弊端，但是在大部分年份中预测值均高于真实值，需在后续的研究和应用中加以探讨。基于小波包分解的 LS－SVM－ARIMA 模型不仅可以有效地提取径流序列中线性和非线性的变化特点，而且利用小波包分解能更加全面地分解径流数据，提取径流数据中包含的细节信息，在完整保留径流序列信息的同时，降低了序列的随机性导致的误差，使得年径流量的预测精度更高，结果更为可靠。

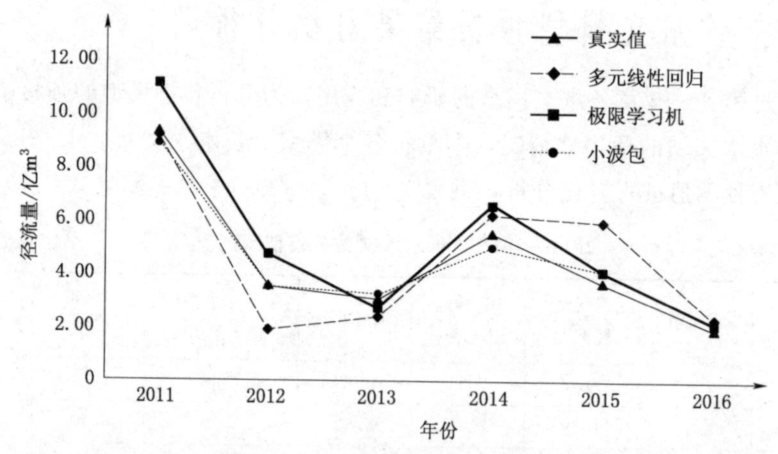

图 14.1　2011—2016 年长水水文站各模型年径流预测值与真实值对比图

14.2　各水文模型预测结果评价指标对比分析

在水文预报中通常采用平均相对误差（δ）、均方根误差（RMSE）、平均绝对误差（MAE）、确定性系数（DC）以及预测合格率对各水文模型预测结果进行评价，各指标计算公式如下：

$$\delta=\frac{|y_i-\hat{y}_i|}{y_i}\times 100\% \tag{14.1}$$

$$\mathrm{RMSE}=\sqrt{\frac{\sum_{i=1}^{n}(y_i-\hat{y}_i)}{n}} \tag{14.2}$$

$$\mathrm{MAE}=\frac{\sum_{i=1}^{n}|y_i-\hat{y}_i|}{n} \tag{14.3}$$

$$\mathrm{DC}=1-\frac{\sum_{i=1}^{n}(y_i-\hat{y}_i)^2}{\sum_{i=1}^{n}(y_i-\overline{y}_0)^2} \tag{14.4}$$

式中：$\hat{y}_i$ 为各水文模型预测值；y_i 为实测值；$\overline{y}_0$ 为实测值的平均值；$i=1$，2，3，4，5，6。

各水文模型各项评价指标见表 14.2。

表 14.2　　各模型评价指标

模型 指标	多元线性回归	BP 神经网络	极限学习机	经马尔可夫链校正的 BP	R/S	小波包
平均相对误差/%	26.35	19.60	17.45	6.87	18.32	7.94
RMSE	1.17	1.01	0.96	0.58	0.80	0.38
MAE	0.90	0.86	0.80	0.37	0.71	0.33
合格率/%	50.00	83.00	83.00	100	66.67	100
DC	0.91	0.93	0.94	0.98	0.96	0.99

根据各项评价指标分析，经马尔可夫链校正的模型及小波包模型的预测合格率为 100%；经过马尔可夫链校正的 BP 神经网络模型平均相对误差最小，而基于小波包分解的 LS-SVM-ARIMA 模型在均方根误差、平均绝对误差及确定性系数 3 个指标中为最优，经马尔可夫链校正的模型表现次之，多元线性回归模型因其局限性在长水水文站 2011—2016 年年径流预测中表现不佳。随着计算机技术和水文组合模型的发展日渐成熟，可以将多元线性回归模型结合其他水文模型或分析方法，例如主成分分析法、遗传算法等，在充分发挥多元线性回归模型的优势的基础上，提高其预报精度。

综上所述，在洛河流域长水水文站1960—2016年的年径流预报中，最适合该地区年径流预报的模型为基于小波包分解的LS－SVM－ARIMA模型，但该组合模型未能考虑其他因素（如降水、蒸散发等）对年径流量的影响。未来的研究和应用中，应进一步引入影响年径流量的相关因素作为自变量，建立多因素与数理统计方法耦合的预测模型，以进一步提高其预测精度。

第15章 结论与展望

15.1 研究结论

人类的社会活动和气候变化等因素对径流的影响主要体现在随机性、突变性和周期不稳定性上。为了使有限水资源发挥最大效益，本书对洛河流域长水水文站的径流特性进行了分析，并且分别用多元线性回归模型、BP神经网络模型和ELM模型对长水水文站进行了径流预测。从1960—2016年样本数据中，选取前40年数据作为训练样本，对后7年数据进行预测，利用中间数据进行检验。主要结论如下：

（1）采用线性趋势相关检验、Mann－Kendall趋势检验法、Spearman秩次相关检验对洛河流域长水水文站径流量、降水量和平均气温进行了趋势分析，结果显示降水量与径流量的变化趋势大致相同，都呈下降趋势，平均气温与径流量变化趋势相反，随着气温的升高，径流量逐渐减少，趋势分析所得结果均通过了显著水平$\alpha=0.1$的检验，认为减少趋势显著。

（2）通过Mann－Kendall突变检验和Pettitt检验法，对洛河流域长水水文站径流量、降水量和平均气温进行了突变分析，结果显示在1985年左右三者均存在突变现象，且调查数据显示1986年、1988年洛宁县均发生了山洪灾害，由此推断降水量与平均气温对径流量的影响较大。

（3）通过小波分析法对洛河流域长水水文站径流量、降水量和平均气温进行了周期性分析，借助Surfer8.0插值法分别绘制了长水水文站1960—2016

年径流量、降水量和平均气温变化的小波系数实部等值线图和长水站 1960—2016 年径流量、降水量和平均气温序列小波系数方差图。结果显示，控制洛河流域径流、降水、气温变化存在相同的周期变化，径流变化的周期依次为 10 年、15 年，年降水量的变化周期为 27 年、18 年，平均气温的变化周期为 27 年。

（4）通过比较不同流量分布拟合结果计算出来的干旱指数 SFI 值，发现伽马分布和对数正态分布的计算结果基本吻合，而正态分布计算结果较实际需要不太理想。分布拟合结果显示：汛期，正态分布 SFI 值偏大，非汛期，SFI 值偏小，不能反映干旱的实际情况。以三阈值游程理论识别水文干旱事件，伽马分布和对数正态分布均能较好地识别出历史性干旱事件，但对于短期干旱事件，仅有对数正态分布拟合 SFI 识别出干旱事件。

（5）基于 Bootstrap 抽样方法定量分析样本容量、分布参数、抽样方法引起的 SFI 评估不确定性。结果显示：同一抽样方法，样本容量越大，抽样不确定性越小。基于原序列重复抽样，有效地消除了对样本均值和方差估计值的影响，使概率分布线型能更好地拟合水文序列。在样本容量相同的条件下，百分位数 Bootstrap 方法估计参数值的精度最高。

（6）根据《水文情报预报规范》(GB/T 22482—2008) 中关于中长期水文预报的评定要求，针对预报效果，径流预报应以相对误差 20% 为许可精度，即相对误差小于许可误差时，为合格预报。以此来进行预报效果的评定和检验。预报总体精度水平是指合格预报次数与总预报次数之比的百分数。基于方案一预报项目的精度，按合格率或确定系数的大小分 3 个等级，见表 15.1。

表 15.1　基于不同模型的长水水文站（测试集）径流量预报效果评定等级　%

模型名称	评定等级		
	甲（$\sigma \geqslant 85.0$）	乙（$85.0 > \sigma \geqslant 70.0$）	丙（$70.0 > \sigma \geqslant 60.0$）
多元线性回归模型			60.0
BP 神经网络模型		70.0	
ELM 模型	90.0		

分别采用多元线性回归模型、BP 神经网络模型及 ELM 模型对长水水文站进行逐年径流预报，共有 10 次预报。基于多元线性回归模型径流量预测合格次数为 6 次，合格率为 60%，最大误差为 69.36124458%；基于 BP 神经网络模型径流量预测合格次数为 7 次，合格率为 70%，最大误差为 59.57753%；

基于 ELM 模型径流量预测合格次数为 9 次，合格率为 90%，最大误差为 20.97828%。

(7) 本书首先采用 3 种单一预报模型、2 种方案分别进行径流预报，结果显示基于相关系数法得到的方案一预报因子在 3 种模型（多元线性回归模型、BP 神经网络模型、ELM 模型）中的应用均优于基于主成分分析法得到的方案二预报因子的应用。

对比多元线性回归模型和 BP 神经网络模型的拟合效果，BP 神经网络模型在预报精度、稳定性和泛化能力方面都要优于线性回归模型，对中长期径流预测的适用性更强。最后将相关因子代入基于方案一的 BP 神经网络模型，对 2010—2016 年径流量进行预测，结果显示验证期预报合格率为 71.43%。说明利用 BP 神经网络模型局部逼近和非线性映射能力较强的特点，可以较好地模拟非线性径流预测问题，但是具有收敛缓慢、训练时间长且易陷入局部极小等问题，制约了其在实际中的广泛应用。

结合方案一的预报因子进行预测时，BP 神经网络模型和 ELM 模型测试集预报场次总体合格率分别达到 90%和 70%以上，验证了此次长水水文站的中长期预报成果是比较可靠的。ELM 模型在该流域预报成果更好，改善了 BP 神经网络训练时间长和易陷入局部极小值的问题，且训练速度快、结果精确度高，具有良好的径流预测能力。利用 ELM 模型的径流预报成果对洛河流域的水资源优化配置具有参考价值。

其次采用两种组合水文模型——R/S 灰色组合模型和基于小波包分解的 LS - SVM - ARIMA 组合模型，利用长水水文站的年径流量进行径流预报。结果表明，组合水文模型无论在相对误差还是确定性系数等指标方面，都优于单一的水文模型。基于小波包分解的 LS - SVM - ARIMA 组合模型更是将预报合格率提高至 100%，且相对误差均小于 15%，对洛河流域的中长期径流预报具有十分重要的现实意义。

15.2 不足与展望

河川径流的时空演变规律及径流预报研究，是人类对水资源进行合理开发并有效利用的前提和基础。本书结合现代智能算法和传统河川径流预测方法，对长水水文站的径流演变规律及中长期径流预报进行了探讨研究。研究虽然取得了一定的成果，但仍存在一些不足之处，具体如下：

(1) 在本书中，长水水文站气象数据是利用三门峡站、孟津站、西峡站3个气象站的气象数据通过反距离插值法（IDW）求得的。插值结果受样点距离和样点方位的共同影响，对离散点的空间插值结果有一定误差，这也会导致预报精度受限。

(2) 本书找到了最低气压（hPa）、降水量（mm）、平均气压（hPa）、平均2min风速（m/s）、平均气温（℃）、平均最高气温（℃）、日降水量大于等于0.1mm日数、最大风速（m/s）、日照百分率（%）、极大风速（m/s）、最高气压（hPa）等影响因子，进行中长期径流预报研究，但径流形成过程是受水文、气象及力学等多因素综合影响的复杂过程，具有不确定性。因此在进行径流预报时，还需将大气环流指数、海温指数、自然地理等不确定因素考虑到预报中，综合考虑学科间的交互影响会更有利于预报研究。

(3) 本书ELM模型在选取的测试集及验证集上均取得了不错的预报结果，但是预测模型的稳定性是否能够经得起大规模测试的考验，还需要进一步验证。本书测试地区为长水水文站，受研究区空间限制，预报结果会存在一定的地域特征。

(4) 在SPI的基础上，基于Bootstrap抽样方法，以流量序列构建标准化流量指数（SFI），尽管在一定程度上解决了参数估计及样本容量对干旱评估的不确定性影响，但对于干旱评估，仍然存在许多问题：一是仅考虑气候变化和人类活动的影响作为干旱评估的因素是不完善的，因为从水文循环过程和干旱传播来讲，气候变化和人类活动不仅能够共同作用干旱演变过程，它们之间还相互独立影响；二是很难全面地验证分析人类活动对干旱评估结果的影响，人类活动是复杂的，在干旱评估系统中难以准确的数字定量地表达人类活动对干旱事件的影响。

(5) 分解合成法在一定程度上消除了序列非一致性问题的影响。本书基于还原和还现序列可分析历史趋势下的干旱情况，对未来干旱进行预测，但未来序列的趋势性范围和变异发生时间受人类活动影响较大，难以预测。如何更加准确地考虑人类活动因素对序列的还原和还现，还可以做更进一步的研究。

(6) 组合模型虽然表现出优于单一模型的预测能力，但是本书中的两种组合模型不能有效地利用影响年径流量的其他气象因子。相较于 BP 神经网络模型以及 ELM 模型，组合模型对其他影响因子的分析不细致，不能有效地考虑蒸散发和降水等因素对年径流量的影响，一定程度上影响了年径流预报的精度。

参考文献

[1] 王浩，王建华．中国水资源与可持续发展［J］．中国科学院院刊，2012，27（3）：352－358.

[2] 李克飞，纪昌明，张验科，等．三峡水库中长期径流预报方法研究［J］．水电能源科学，2013（1）：8－11.

[3] WU J S，LIU M，JIN L. A hybrid support vector regression approach for rainfall forecasting using particle swarm optimization and projection pursuit technology［J］. International Journal of Computational Intelligence and Applications，2014，9（2）：87－104.

[4] 黄忠恕．水文气候预测基础理论与应用技术［M］．北京：中国水利水电出版社，2005.

[5] 刘清仁．松花江流域水旱灾害发生规律及长期预报研究［J］．水科学进展，1994，5（4）：319－327.

[6] 孙虹，李鸿雁，郭道华，等．基于物理成因识别的第二松花江汛期径流预报［J］．水利水电技术，2019：1－11.

[7] LIONG S Y，SIVAPRAGASAM C. FLOOD STAGE FORECASTING WITH SUPPORT VECTOR MACHINES［J］Journal of the American Water Resources Association，2010，38（1）：173－186.

[8] Allen S K，Plattner G K，Nauels A，et al. Climate Change 2013：The Physical Science Basis. An overview of the Working Group 1 contribution to the Fifth Assessment Report of the Intergovernmental Panel on Climate Change（IPCC）［J］. Computational Geometry，2007，18（2）：95－123.

[9] 沈永平，王国亚．IPCC第一工作组第五次评估报告对全球气候变化认知的最新科学要点［J］．冰川冻土，2013，35（5）：1068－1076.

[10] 刘彤，闫天池．气象灾害损失与区域差异的实证分析［J］．自然灾害学报，2011，（1）：84－91.

[11] 冯平，黄凯．水文序列非一致性对其参数估计不确定性影响研究［J］．水利学报，2015，46（10）：1145－1154.

[12] 詹道江，徐向阳，陈元芳．工程水文学［M］．4版．北京：中国水利水电出版社，2010.

[13] FENG QI，LIU WEI，XI HAIYANG，et al. Hydrological Characteristics of the Heihe River Basin in the Arid Inland Area of Northwest China［J］. Sciences in Cold and Arid Regions，2008，（1）：80－91.

[14] XUE J. Synchronism of runoff response to climate change in Kaidu River Basin in Xinjiang，Northwest China［J］. Sciences in Cold & Arid Regions，2016，（1）：82－94.

[15] 王权威．气候变化对碧流河流域径流的影响研究［D］．太原：太原理工大

学，2018.

[16] Lettenmaier D P , Wood E F , Wallis J R. Hydro - Climatological Trends in the Continental United States，1948 - 88 [J] . Journal of Climate，1994，7 (4)：586 - 607.

[17] Gan，Thian Yew. Hydroclimatic trends and possibleclimatic warming in the Canadian Prairies [J] . Water Resources Research：1998，34 (11)：3009 - 3015.

[18] Buffoni L , Maugeri M , Nanni T. Precipitation in Italy from 1833 to 1996 [J]. Theoretical & Applied Climatology，1999，63 (1 - 2)：33 - 40.

[19] Zhang X , Harvey K D , Hogg W D , et al. Trends in Canadian streamflow [J]. Water Resources Research，2001，37 (4)：987 - 998.

[20] Tabari H , Talaee P H. Temporal variability of precipitation over Iran：1966—2005 [J]. Journal of Hydrology，2011，396 (3 - 4)：313 - 320.

[21] Eghbal Ehsanzadeh，Garth van der Kamp，Christopher Spence. The impact of climatic variability and change in the hydroclimatology of Lake Winnipeg watershed [J]. Hydrological Processes，2012，26 (18)：2802 - 2813.

[22] Palizdan N , Falamarzi Y , Huang Y F , etc. Precipitation trend analysis using discrete wavelet transform at the Langat River Basin，Selangor，Malaysia [J] . Stochastic Environmental Research and Risk Assessment，2017，31 (4)：853 - 877.

[23] Partal T，Kahya E. Trend analysis in Turkish precipitation data [J]. Hydrological Processes，2006，20：2011 - 2026.

[24] Mauget S A. Intra - to Multidecadal Climate Variability Over the Continental United States：1932 - 99 [J] . Journal of Climate，2003，16 (13)：2215 - 2231.

[25] Kumar P，Foufoula Georgiou E. A Multicomponent Self - Similar Characterization of Rainfall Fluctuations [J] . Environmental Studies，1996：239 - 254.

[26] 徐宗学，张玲，阮本清．北京地区降水量时空分布规律分析 [J]．干旱区地理，2006，29 (2)：186 - 192.

[27] 束美珍，刘丽红．海河流域近 51 年降水量时空变化特征 [J]．南水北调与水利科技，2015，13 (6)：1065 - 1068.

[28] 张东艳，吴运卿，李妮．基于 Mann - Kendall 检验的尼洋河流域水文变量演变趋势分析 [J]．中国农村水利水电，2017 (12)：86 - 89.

[29] 张平，夏军，邹磊，等．近 50 年来淮河蚌埠以上流域降水时空变化特征分析 [J]．中国农村水利水电，2017 (3)：1 - 8.

[30] Fan X H , Wang M B. Change trends of air temperature and precipitation over Shanxi Province，China [J] . Theoretical and Applied Climatology，2011，103 (3 - 4)：519 - 531.

[31] 丁勇，萨茹拉，刘朋涛，等近 40 年内蒙古区域温度和降雨量变化的时空格局 [J]．干旱区资源与环境，2014，28 (4)：96 - 102.

[32] 毕远杰．基于 Mann - Kendall 的汾河水库年径流量变化研究 [J]．水资源开发与管理，2018 (8)：53 - 55.

[33] 许晓艳．辽河水文要素演变规律分析 [J]．东北水利水电，2015，33 (10)：26 - 27.

[34] 王文圣，丁晶，向红莲．水文时间序列多时间尺度分析的小波变换法 [J]．四川大学学报（工程科学版），2002，34 (6)：14-17.

[35] 王麒翔，范晓辉，王孟本．近 50 年黄土高原地区降水时空变化特征 [J]．生态学报，2011 (19)：5512-5523.

[36] 张应华，宋献方．水文气象序列趋势分析与变异诊断的方法及其对比 [J]．干旱区地理，2015，38 (4)：652-665.

[37] 刘冀，董晓华，李英海，等．基于多步预报模型的径流中长期预测研究 [J]．人民长江，2012，43 (10)：46-49.

[38] 王学武．图们江流域水文特性分析及中长期径流预报研究 [D]．长春：长春工程学院，2018.

[39] 王丽学，杨军，孙靓，等．基于灰色系统与 RBF 神经网络的中长期水文预报 [J]．人民长江，2015，46 (17)：15-17.

[40] 王富强，霍风霖．中长期水文预报方法研究综述 [J]．人民黄河，2010，32 (3)：25-28.

[41] 王琪，张亭亭，游海林，等．基于多元回归分析的大伙房水库径流中长期预报 [J]．水力发电，2014，40 (5).

[42] 曹永强，游海林，邢晓森，等．基于 Logistic 方程的多元回归径流预报模型及其应用 [J]．水力发电，2009，35 (6)：12-14.

[43] 靳晟，雷晓云，李慧．玛纳斯河中长期径流预报研究 [J]．南水北调与水利科技，2010，8 (4)：87-90.

[44] 姜涛．时间序列分析在中长期径流预测中的应用 [J]．东北水利水电，2016，34 (12)：26-27，32.

[45] Mishra S，Shukla C S K D P. Rainfall-Runoff Modeling using Clustering and Regression Analysis for the River Brahmaputra Basin [J]．Journal of the Geological Society of India，September，2018，92 (3)：305-312.

[46] 张利平，王德智，夏军，等．基于气象因子的中长期水文预报方法研究 [J]．水电能源科学，2003，21 (3)：4-6.

[47] 王雪．长江三峡中长期径流预报研究及其系统设计与开发 [D]．武汉：华中科技大学，2011.

[48] 张丽霞，梁新平．基于单相关系数法的中长期水文预报研究 [J]．水资源与水工程学报，2008，19 (3)：49-51.

[49] 张岩，杨明祥，雷晓辉，等．基于 PCA-PSO-SVR 的丹江口水库年径流预报研究 [J]．南水北调与水利科技，2018，16 (5)：39-44.

[50] 李志新，赖志琴．年径流变化的 BP 神经网络预报模型研究 [J]．水电能源科学，2018，36 (7)：10-12.

[51] 纪昌明，张培，吴月秋，等．基于小波分析-稳健估计的径流预报模型及应用 [J]．水力发电学报，2017，(6)：50-59.

[52] 巴超，刘婷婷，刘向红．水电站支持向量机组合预报模型 [J]．河南科技，2016 (5)：56-59.

[53] 蓝永超，杨志怀，权建民，等．灰色预测模型在径流长期预报中的应用［J］．中国沙漠，1997，17（1）：49－52.

[54] Mishra P K , Karmakar S , Guhathakurta P. A Broad Literature Survey of Development and Application of Artificial Neural Networks in Rainfall－Runoff Modelling [M] // Proceedings of Fifth International Conference on Soft Computing for Problem Solving. Springer Singapore，2016.

[55] Mónica Miguélez，Jerónimo Puertas，Juan Ramón Rabuñal. Artificial Neural Networks in Urban Runoff Forecast. [C] // International Work－conference on Artificial Neural Networks. Springer－Verlag，2009.

[56] Okkan U , Serbes Z A , Samui P. Relevance vector machines approach for long－term flow prediction [J] . Neural Computing and Applications，2014，25（6）：1393－1405.

[57] WMO. Report on Drought and Countries Affected by Drought During 1974—1985 [M]. WMO，Geneva，1986.

[58] FAO. Report of FAO－CRIDA Eepert Group Consulation on Farming System and Best Practices for Drought－prone Areas of Asia and the Pacific Region. Food and Agticultural Organisation of United Nations；Published by Central Research Institute for Dryland Agriculture [R]，Hyderabad，India，2002.

[59] Schneider S H. Encuclopaedia of Climate and Weather. Oxford University Press，New York，1996.

[60] Gumbel E J. STATISTICAL FORECAST OF DROUGHTS [J] . International Association of Scientific Hydrology Bulletin，1963，8（1）：5－23.

[61] Palmer W C. Meteorological drought [M] . Washington，DC，USA：US Department of Commerce，Weather Bureau，1965.

[62] Wilhite D A , Glantz M H. Understanding the drought phenomenon：the role of definitions [J] . Water International，1985，10（3）：111－120.

[63] Orville H D. AMS Statement on Meteorological Drought [J] . Bulletin of the American Meteorological Society，1990，71（7）：02108－03693.

[64] Dracup J A , Seong L K , Paulson E G. On the statistical characteristics of drought events [J] . Water Resources Research，1980，16（2）：289－296.

[65] Mishra A K , Singh V P. A review of drought concepts [J] . Journal of Hydrology (Amsterdam)，2010，391（1－2）：202－216.

[66] Emir Zelenhasic，Salvai A. A method of streamflow drought analysis [J] . Water Resources Research，1987，23（1）：156－168.

[67] Chang T J , Stenson J R. Is it Realistic to Define a 100－Year Drought for Water Management? [J] . JAWRA Journal of the American Water Resources Association，2010，26（5）：823－829.

[68] 张洪波，顾磊，辛琛，等．泾河流域干旱特征时空变化研究［J］．华北水利水电大学学报（自然科学版），2016，37（3）：1－10.

[69] Clausen B , Pearson C P. Regional frequency analysis of annual maximum streamflow

drought [J] . Journal of Hydrology, 1995, 173 (173): 111 - 130.

[70] 王劲峰. 中国自然灾害影响评价方法研究 [M]. 北京: 中国科学技术出版社, 1993.

[71] ELTAHIR, Elfatih A B. Drought frequency analysis of annual rainfall series in central and western Sudan [J] . Hydrological Sciences Journal, 1992, 37 (3): 185 - 199.

[72] Chang T J , Kleopa X A. A proposed method for drought monitoring [J] . Journal of the American Water Resources Association, 1991, 27 (2): 275 - 281.

[73] 刘兰芳, 陈涛, 肖志成, 等. 衡阳盆地气象干旱频率的时空演变特征 [J]. 华北水利水电大学学报 (自然科学版), 2016, 37 (1): 24 - 28.

[74] 李克让. 中国干旱灾害研究及减灾对策 [M]. 郑州: 河南科学技术出版社, 1999.

[75] 王维第. 水文干旱研究的进展和展望 [J]. 水文, 1993 (5): 61 - 65.

[76] 张景书. 干旱的定义及其逻辑分析 [J]. 干旱地区农业研究, 1993 (3): 97 - 100.

[77] 孙荣强. 干旱定义及其指标评述 [J]. 灾害学, 1994 (1): 17 - 21.

[78] 张世法, 苏逸深, 宋德敦. 中国历史干旱, 1949—2000 [M]. 南京: 河海大学出版社, 2008.

[79] 宋松柏, 蔡焕杰, 粟晓玲. 专门水文学概论 [M]. 咸阳: 西北农林科技大学出版社, 2005.

[80] Guttman N B. COMPARING THE PALMER DROUGHT INDEX AND THE STANDARDIZED PRECIPITATION INDEX1 [J] . JAWRA Journal of the American Water Resources Association, 1998, 34 (1): 9.

[81] Roey. Drought assessment in the Dhar and Mewat Districts of India using meteorological, hydrological and remote - sensing derived indices [J] . Natural Hazards, 2015, 77 (2): 733 - 751.

[82] Shukla S , Wood A W. Use of a standardized runoff index for characterizing hydrologic drought [J] . Geophysical Research Letters, 2008, 35 (2): L02405.

[83] Liu W T , Kogan F N. Monitoring regional drought using the Vegetation Condition Index [J] . International Journal of Remote Sensing, 1996, 17 (14): 22.

[84] Karl T R. The Sensitivity of the Palmer Drought Severity Index and Palmer's Z - Index to their Calibration Coefficients Including Potential Evapotranspiration [J] . Journal of Applied Meteorology, 1937, 25 (1): 77 - 86.

[85] Alley W M. The Palmer Drought Severity Index as a Measure of Hydrologic Drought [J] . JAWRA Journal of the American Water Resources Association, 2007, 21 (1): 105 - 114.

[86] Dai A. Drought under global warming: a review [J] . Wiley Interdisciplinary Reviews Climate Change, 2011, 2 (1): 45 - 65.

[87] Dai A. Characteristics and trends in various forms of the Palmer Drought Severity Index during 1900—2008 [J] . Journal of Geophysical Research: Atmospheres, 2011, 116 (D12): D12115.

[88] Dai, Aiguo. Increasing drought under global warming in observations and models [J]. Nature Climate Change, 2012, 3 (1): 52 - 58.

[89] Sheffield J, Wood E F, Roderick M L. Little change in global drought over the past 60 years [J]. Nature, 2012, 491 (7424): 435-438.
[90] Trenberth K E, Dai A, Schrier G V D, et al. Global warming and changes in drought [J]. Nature Climate Change, 2013, 4 (1): 17-22.
[91] 谢平，陈广才，雷红富．变化环境下基于趋势分析的水资源评价方法 [J]．水力发电学报，2009，28 (2)：14-19.
[92] 栾承梅，胡义明，吴善锋．江苏省里下河地区降雨变化特性分析 [J]．水电能源科学，2013，(6)：14-16.
[93] 胡义明，梁忠民，杨好周，等．基于趋势分析的非一致性水文频率分析方法研究 [J]．水力发电学报，2013，32 (5)：21-25.
[94] 王孝礼，胡宝清，夏军．水文时序趋势与变异点的R/S分析法 [J]．武汉大学学报（工学版），2002，35 (2)：10-12.
[95] Ma Z, Kang S, Zhang L, et al. Analysis of impacts of climate variability and human activity on streamflow for a river basin in arid region of northwest China [J]. Journal of Hydrology, 2008, 352 (3-4): 239-249.
[96] 熊立华，周芬，肖义，等．水文时间序列变点分析的贝叶斯方法 [J]．水电能源科学，2003，(4)：39-41.
[97] 谢平，陈广才，雷红富，等．水文变异诊断系统 [J]．水力发电学报，2010，29 (1)：85-91.
[98] 胡义明．非一致性条件下水文设计值估计及其不确定性分析方法研究 [D]．南京：河海大学，2016.
[99] 刘晓伟，刘龙庆，王玉华，等. 人类活动影响下的洛河产汇流特性变化 [J]．西北水资源与水工程，2003，14 (4)：4-7.
[100] 靳国栋，刘衍聪，牛文杰．距离加权反比插值法和克里金插值法的比较 [J]．长春工业大学学报（自然科学版），2003 (3)：53-57.
[101] 李新，程国栋，卢玲．空间内插方法比较 [J]．地球科学进展，2000，15 (3)：260-265.
[102] Mooketsi Segobye，胡友健．距离加权算法在大地水准面差距内插中的应用 [J]．工程地球物理学报，2006 (6)：443-447.
[103] 丁晶．随机水文学 [M]．北京：中国水利水电出版社，1997.
[104] 黄振平．水文统计学 [M]．南京：河海大学出版社，2003.
[105] 康淑媛，张勃，柳景峰，等．基于 Mann-Kendall 法的张掖市平均气温时空分布规律分析 [J]．资源科学，2009，31 (3)：501-508.
[106] 简虹，骆云中，谢德体．基于 Mann-Kendall 法和小波分析的降水变化特征研究——以重庆市沙坪坝区为例 [J]．西南师范大学学报（自然科学版），2011，36 (4)：217-222.
[107] 赵文举，李东阳，赵珑迪．河南省卫河流域降水径流演变规律分析 [J]．河南水利与南水北调，2017 (1)：49-50.
[108] 彭芳鹏．赣江中下游水文要素的变化及中长期水文预报 [D]．南昌：南昌工程学

院，2017.
[109] 周琳．江淮流域极端降水时空特征及趋势研究［D］．南充：西华师范大学，2018.
[110] 普发贵．Mann－Kendall 检验法在抚仙湖水质趋势分析中的应用［J］．环境科学导刊，2014，33（6）：83－87.
[111] 路培．陕北黄土高原径流泥沙变化特征分析［D］．杨凌：西北农林科技大学，2014.
[112] 葛哲学．小波分析理论与 MATLAB R2007 实现［M］．北京：电子工业出版社，2007.
[113] 林振山，鲍名．气候多层次的趋势预报［J］．热带气象学报，2001，17（2）：188－192.
[114] 纪忠萍，谷德军，谢炯光．广州近百年来气候变化的多时间尺度分析［J］．热带气象学报，1999（1）：48－55.
[115] Nener B D，Ridsdill－Smith T A，Zeisse C. Wavelet analysis of low altitude infrared transmission in the coastal environment［J］. Infrared Physics & Technology，1999，40（5）：399－409.
[116] 夏库热·塔依尔，海米提·依米提，麦麦提吐尔逊·艾则孜，等．基于小波分析的开都河径流变化周期研究［J］．水土保持研究，2014，21（1）：142－146，151.
[117] Clemen T. The use of scale information for integrating simulation models into environmental information systems［J］. Ecological Modelling，1998，108（1－3）：0－113.
[118] 陆中央．关于年径流量系列的还原计算问题［J］．水文，2000（6）：9－12.
[119] 胡义明，梁忠民．基于跳跃分析的非一致性水文频率计算［J］．东北水利水电，2011，29（7）：38－40，72.
[120] 谢平，陈广才，夏军．变化环境下非一致性年径流序列的水文频率计算原理［J］．武汉大学学报（工学版），2005，38（6）：6－9.
[121] 洪兴骏，郭生练，周研来．标准化降水指数 SPI 分布函数的适用性研究［J］．水资源研究，2013，2（1）：33－41.
[122] Abranowitz，Milton. Handbook of mathematical functions［M］. New York：Dover-Publications，1965.
[123] Vicente－Serrano S M，López－Moreno，Juan I，et al. Accurate Computation of a Streamflow Drought Index［J］. Journal of Hydrologic Engineering，2012，17（2）：318－332.
[124] 邵进，李毅，宋松柏．标准化径流指数计算的新方法及其应用［J］．自然灾害学报，2014，23（6）：79－87.
[125] Wu H，Hayes M J，Wilhite D A，et al. The effect of the length of record on the standardized precipitation index calculation［J］. International Journal of Climatology，2005，25（4）：505－520.
[126] 王文川，韩东阳，马明卫．基于 Bootstrap 抽样的水文干旱不确定性分析——以北洛河为例［J］．水利规划与设计，2018，180（10）：51－55.
[127] Efron B. Bootstrap Methods：Another Look at the Jackknife［J］. Annals of Statis-

tics，1979，7 (1)：1 - 26.

[128] Basawa I V，Mallik A K，Mccormick W P，et al. Bootstrapping Unstable First - Order Autoregressive Processes [J] . Annals of Statistics，1991，19 (2)：1098 - 1101.

[129] Luo Z，Atamturktur S，Juang C H. Bootstrapping for Characterizing the Effect of Uncertainty in Sample Statistics for Braced Excavations [J] . Journal of Geotechnical & Geoenvironmental Engineering，2013，139 (1)：13 - 23.

[130] Chang Y，Park J Y. A Sieve Bootstrap For The Test of A Unit Root [J] . Journal of Time，2010，24 (4)：379 - 400.

[131] Mackinnon J G. Bootstrap inference in econometrics [J] . Canadian Journal of Economics/revue Canadienne Déconomique，2002，35 (4)：615 - 645.

[132] 谢益辉，朱钰 . Bootstrap 方法的历史发展和前沿研究 [J] . 统计与信息论坛，2008，23 (2)：90 - 96.

[133] 刘娇娇 . Bootstrap 方法的正态改进与在准备金提取中的应用 [D] . 郑州：郑州大学，2016.

[134] 胡义明，梁忠民，王军，等 . 考虑抽样不确定性的水文设计值估计 [J] . 水科学进展，2013，24 (5)：667 - 674.

[135] 王晶 . 基于 Bootstrap 方法的多品种小批量生产的质量控制研究 [D] . 天津：天津大学，2006.

[136] 毛平 . Bootstrap 方法及其应用 [D] . 湘潭：湘潭大学，2013.

[137] 宋文博，卢文喜，董海彪，等 . 基于 Bootstrap 法的水文模型参数不确定分析以伊通河流域为例 [J] . 中国农村水利水电，2016 (10)：95 - 99.

[138] 周育琳，穆振侠，高瑞，等 . 基于多方法优选预报因子的天山西部山区融雪径流中长期水文预报 [J] . 水电能源科学，2017 (7)：10 - 12.

[139] 李鑫，欧名豪，严思齐 . 基于区间优化模型的土地利用结构弹性区间测算 [J] . 农业工程学报，2013，29 (17)：240 - 247.

[140] 孙奇奇，宋戈，齐美玲 . 基于主成分分析的哈尔滨市土地生态安全评价 [J] . 水土保持研究，2012，19 (1)：234 - 238.

[141] 章征宝，陈朝东，张一刚 . 人工神经网络在城市用水量预测中的应用进展 [J] . 给水排水，2007，33 (S1)：110 - 115.

[142] 施龙青，徐东晶，邱梅，等 . 基于多元回归分析法预测断层防隔水煤柱宽度 [J] . 煤炭科学技术，2013，41 (6)：108 - 110.

[143] 张雅君，刘全胜 . 需水量预测方法的评析与择优 [J] . 中国给水排水，2001 (7)：27 - 29.

[144] 韩力群 . 人工神经网络理论、设计及应用 [M] . 2 版 . 北京：化学工业出版社，2007.

[145] 许拯民，刘紫薇，韩伟伟 . 基于混沌相空间技术的地下水埋深预测的 BP 网络模型 [J] . 华北水利水电大学学报：自然科学版，2016，37 (5)：63 - 67.

[146] 曾星月 . 基于 BP 神经网络模型的玉米价格基差预测 [J] . 粮食经济研究，2015 (1)：47 - 57.

[147] 杨建刚．人工神经网络实用教程［M］．杭州：浙江大学出版社，2001.

[148] 崔东文．基于教学优化算法的多元超越回归模型及其在径流预报中的应用［J］．华北水利水电大学学报：自然科学版，2016（6）：61－66，71.

[149] 王通．石头河水库年径流预报模型研究［D］．杨凌：西北农林科技大学，2017.

[150] Ray S M，Ramakar J，Kishanjit K K. Precipitation－runoff simulation for a Himalayan River Basin，India using artificial neural network algorithms［J］．Sciences in Cold & Arid Regions，2013，5（1）：85－95.

[151] Zou X F，Kang L Sh，Cao H Q，etc. A hybrid model for the mid－long term runoff forecasting by evolutionary computation techniques［J］．Wuhan University Journal of Natural Sciences，2003，8（1）：234－238.

[152] 李红波，夏潮军，王淑英．中长期径流预报研究进展及发展趋势［J］．人民黄河，2012，34（8）：36－38.

[153] 崔东文．改进 Elman 神经网络在径流预测中的应用［J］．水利水运工程学报，2013（2）：71－77.

[154] 田雨波，陈风，张贞凯．混合神经网络技术［M］．北京：科学出版社，2015.

[155] 张正，秦雨，李聪，等．基于 BP 神经网络的尼尔基水库水质评价［J］．水资源研究，2017（3）：247－253.

[156] Huang G B，Zhu Q Y，Siew C K. Extreme learning machine：a new learning scheme of feedforward neural networks［C］// IEEE International Joint Conference on Neural Networks，2004. Proceedings. IEEE，2005：985－990 vol. 2.

[157] 赵坤，覃锡忠，贾振红，等．基于 CS 算法改进 ELM 的时间序列预测［J］．计算机工程与设计，2018，39（8）：2649－2653.

[158] 黄永辉，李胜林，樊祥伟，等．ELM 神经网络爆堆形态预测模型的研究及应用［J］．煤炭学报，2012，37（s1）：65－69.

[159] 姜媛媛，刘柱，罗慧，等．锂电池剩余寿命的 ELM 间接预测方法［J］．电子测量与仪器学报，2016，30（2）：179－185.

[160] 陈恒志，杨建平，卢新春，等．基于极限学习机（ELM）的连铸坯质量预测［J］．工程科学学报，2018，40（7）：815－821.

[161] 石炜，师伟，秦波．基于 ELM 的高炉喷煤量预报研究［J］．内蒙古科技与经济，2017（13）：70－71.

[162] Huang G B，Zhu Q Y，Siew C K. Extreme learning machine：Theory and applications［J］．Neurocomputing，2006，70（1）：489－501.

[163] 叶智峰，曹青．极限学习机在初始地应力场反演中的应用［J］．水电能源科学，2016（6）：158－160.

[164] 蔡建辉．基于 GIS 的赣南脐橙水足迹测度分析与预测研究［D］．南昌：东华理工大学，2018.

[165] 秦琼，刘树洁，赖旭，刘霄．GA 优化 ELM 神经网络的风电场测风数据插补［J］．太阳能学报，2018，39（8）：2125－2132.

[166] Rong H J，Huang G B，Sundararajan N，et. al. Online Sequential Fuzzy Extreme

Learning Machine for Function Approximation and Classification Problems [J]. IEEE Transactions on Systems Man and Cybernetics Part B, 2009, 39 (4): 1067-1072.

[167] 褚继花. 遗传算法优化BP神经网络水文预报过程模型研究 [J]. 水利规划与设计, 2018 (1): 65-66, 118.

[168] 宋宝玉, 刘洪铖, 关镶锋. 综合超前地质预报技术在引松供水隧洞中的应用 [J]. 水利规划与设计, 2018 (9): 112-116.

[169] 景亚平, 张鑫. 基于修正组合模型的河川径流中长期预报 [J]. 水力发电学报, 2012, 31 (6): 14-21.

[170] 叶伟, 马福恒, 周海啸. 利用马尔科夫链修正的变维分形模型及其应用 [J]. 南水北调与水利科技, 2016, 14 (6): 111-115.

[171] 李建林, 昝明军, 郑继东, 李志强. 基于叠加马尔科夫链的矿井涌水量预测——以成庄煤矿为例 [J]. 南水北调与水利科技, 2015, 13 (3): 409-412.

[172] 龙浩, 高睿, 孔德新, 刘鹏. 基于BP神经网络-马尔科夫链模型的隧道围岩位移预测 [J]. 长江科学院院报, 2013, 30 (3): 40-43, 55.

[173] 燕爱玲, 黄强, 刘招, 等. R/S法的径流时序复杂特性研究 [J]. 应用科学学报, 2007, 25 (2): 215-217.

[174] 王孝礼, 胡宝清, 夏军. 水文时序趋势与变异点的R/S分析法 [J]. 武汉大学学报 (工学版), 2002, 35 (2): 10-12.

[175] 韩振英, 郭巧玲, 窦春锋, 等. 基于R/S与灰色组合模型的窟野河径流预测 [J]. 人民珠江, 2016, 37 (5): 21-25.

[176] 李建林, 昝明军, 李宝玲. 基于R/S分析的黑河出山年径流量灰色预测 [J]. 地域研究与开发, 2014, 33 (5): 127-131.

[177] 金保明, 高兰兰, 颜望栋. 基于Kendall与R/S法的年最大洪峰流量变化特性分析 [J]. 水力发电, 2016, 42 (11): 20-23.

[178] 周蓓, 刘俊民, 王伟. R/S法在径流还原和预测中的应用 [J]. 人民长江, 2008, 39 (15): 42-45.

[179] 曲广周, 覃英宏, 刘亮, 等. 基于R/S分析黄河及黄土高原主要河流水资源的变化 [J]. 中国沙漠, 2010, 30 (2): 467-470.

[180] 陈建龙, 刘永峰, 钱鞠, 等. R/S分析法与GM (1, 1) 灰色模型相结合的鸳鸯池水库径流量预测 [J], 水资源与水工程学报, 2018, 29 (5): 148-158.

[181] 李宝玲, 李建林, 昝明军, 等. 河流年径流量的R/S灰色预测 [J]. 水文, 2015, 35 (2): 44-48.

[182] 郭巧玲, 韩振英, 苏宁, 等. R/S-GM (1, 1) 组合模型在径流预测中的应用 [J]. 水利水电科技进展, 2016, 36 (6): 15-21.

[183] 杨茂, 杨宇. 基于小波包与LSSVM的短期光伏输出功率预测研究 [J]. 可再生能源, 2019, 37 (11): 1595-1602.

[184] 梅倩. LS-SVM在时间序列预测中的理论与应用研究 [D]. 重庆: 重庆大学, 2013.

[185] Suykens J A K, Gestel T V, Brabanter J D, et al. Least squares support vector ma-

chines [M]. World Scientific, 2002. DOI: 10.1142/5089.
[186] 姚全珠，蔡婕. 基于PSO的LS-SVM特征选择与参数优化算法 [J]. 计算机工程与应用，2010，46 (1)：134-136，229.
[187] Pai P F, Lin C S. A hybrid ARIMA and support vector machines model in stock price forecasting [J]. Omega: The international journal of management science, 2005, 33 (6): 497-505.
[188] 张杰，刘小明，贺玉龙，等. ARIMA模型在交通事故预测中的应用 [J]. 北京工业大学学报，2007，33 (12)：1295-1299.
[189] 郦于杰，梁忠民，唐甜甜. 基于支持向量回归机的长期径流预报及不确定性分析 [J]. 南水北调与水利科技，2018，16 (3)：45-50.